实用心理指南

成功心
实用

U0603345

，

件有结果的事

Psychology of

[英]艾莉森·普赖斯　戴维·普赖斯　著　　鄂川根　译

上海教育出版社

Success

Your A-Z Map to Achieving Your Goals and Enjoying the Journey

作者简介

艾莉森·普赖斯（Alison Price）和戴维·普赖斯（David Price）是"成功代理人"（The Success Agents）的共同创始人。

"成功代理人"是一家研究和咨询公司，服务于个人、蓝筹企业和著名机构。其目标是激励客户，让他们了解成功、卓越领导力以及工作和生活满意度所依赖的心态与行为；帮助客户抵达与有意义的目标相关联的里程碑，无论他们是正在领导一个数千人的团队、创办自己的企业，还是准备成为下一任首席执行官。

艾莉森是一名特许心理学家和职业心理学家。作为一名励志主题演讲者，艾莉森还在伦敦金斯顿大学讲课，并在媒体上发表心理学评论。她曾入围"英国下一个顶级教练"（Britain's Next Top Coach）半决赛。

戴维在个人成就和成功领域耕耘二十载，拥有多个学科的资格证书，包括积极心理学、运动心理学、巅峰表现教练和神经语言程序学。

他们热衷于帮助人们发现什么是真正的成功，并在其网站提供一系列免费资源。

作者声明

本书包含许多常见研究与方法。所有来源清晰的引用都已标注，若有任何材料被忽略，在此深表歉意。

目 录

前　言

你是否有渴望实现的目标、梦寐以求的理想，或者想获得却尚未拥有的东西？它可以是你生活中的任意方面，包括事业有成或白手起家，拥有更好的健康，享受更好的人际关系，邂逅人生伴侣，获得更多安全感或更加热爱生活。

如果你有这样的愿望，那你就选对了书。无论你想从生活中得到什么，本书都将帮助你专注于目标，以更快、更聪明的方式实现它，并帮助你冲破前进道路上的障碍。

在生活中，我们很容易怀揣希望拥有、体验、成功实现的梦想，却未能如愿。你可能怀着美好的愿望，写下你的目标或立下新年决心。然而，在日常生活的"跑步机"上忙忙碌碌的你，根本没有时间和精力取得足够的进步——这甚至会让你考虑是否应该放弃或搁置你的梦想。

或许你还是会追逐自己的梦想，但你知道这种成功有代价。你的健康和人际关系受到影响，感到压力重重，失去了最初的前进动力。又或者，你觉得困顿、沮丧，因为你空有精力和雄心壮志，却找不到方向，因为你不确定自己的目标到底是什么。结果，你的梦想无法变成现实。

好消息是，我们的生活不必如此。你可以实现自己的梦想，即使是非常宏大的梦想！我们还有一个选择——成功心理学，它是一个激励人心、令人兴奋的选项，让你不再碌碌无为。这是一条通往成功的道路，旨在让你拥有一切。

我们的"A—Z"成功指南简单易学，是实现人生理想的有效公式：

- 注入火箭般的动力，助您驶向激动人心的目的地。

- 确认什么是正确的目的地。

- 帮助你学会热爱旅途，为生命中最重要的人和事腾出时间。

我们的指南不仅基于自身多年来在这一领域的咨询和培训，还基于心理学学科的重大发现。这些因素结合在一起，形成了独特的制胜秘诀，它不仅能激发你的动力，还能在你取得成就的过程中不断注入能量。

3　　　在逐一阅读各主题的过程中，你会发现你的目标能否以及如何帮助你获得长久幸福，你也会被激励着朝正确的方向行动。你会获得开启自身潜能的钥匙，从而能够从每天的生活中获得更多乐趣和意义。你的整个人生都将变得丰富多彩。这就是我们对

"真正成功"的看法，我们希望为你提供一张通往成功的地图。

本书已有成千上万名读者，当他们告诉我们已经读了第四遍，或者给朋友和家人买了本书时，我们非常高兴，因为他们从这本书中受到了极大启发，他们想与大家分享这本书。我们也乐意听到关于书中的理念如何改变了人们生活的故事。

现在，这本书就在你手中，它也有能力改变你的生活。我们很想听听它对你的启发，请与我们分享你的成功故事。祝你旅途愉快！

艾莉森·普赖斯（Alison Price）

戴维·普赖斯（David Price)

1. 积极主动

A: Activation

只有当我们明白自己在世的时间十分有限，何时耗尽根本无从知晓，
我们才会开始把每天都过得充实丰富，仿佛是生命的最后一天。

——伊丽莎白·库布勒-罗斯（Elisabeth Kübler-Ross）

遇到迈克时，他五十多岁，眼神明亮，满面笑容，是个很松弛很满足的人。但除去这些，麦克可能是你在开设"活出精彩人生，发挥自我潜能"课程时所能遇到的最令人困扰的一类人。

这并不是因为迈克像某些人那样整天坐在那里，双臂紧抱胸前，满脸怀疑，好像在说："来吧，来激励我！"相反，他显然参与了学习，对课程传达的理念有共鸣。然而，但凡遇到设定目标并积极行动的练习，迈克都会坚定地表示，他的生活中绝对没有任何想要做的事情了。

我们遇到过很多和迈克一样的人，他们希望维持现状，认为

没有必要改变生活中的任何事情，因为现状就很好。但这是最好的选择吗？

除了这种错误的观念，还有没有其他看待生活的视角呢？

过来人的意见

人无法穿越时空，但我们可以试着从智慧的长者那里获得建议，问问他们："如果重来一生，您是否会作出不同的选择？"

研究人员理查德·莱德（Richard Leider）25 年来一直致力于采访老年人，询问他们上述问题。（希望他不后悔用这么长的时间做这件事！）有趣的是，他发现老人们回首过去时都会提到同样几件事：

• 首先，确保定期从工作中"抽身"，审视全局，思考自己想要的生活。生活中人们总是琐事缠身，通常需要来一场危机才能让你后退一步，重新审视对自己而言什么才是最重要的。

• 其次，勇于尝试，勇于冒险。这样，生活会在学习、成长、延展和探索中变得更有意义。

• 最后，越早努力越好，越早努力越能让你真正充实起来。成功经常被用外部标准衡量，如住多大的房子，有多高的职位，但"开心程度"这一内部标准更为重要。

本书将帮你实现以上三点，这样你就不会再有莱德采访的老人那样的遗憾了。本书会引导你后退一步，思考人生的真正追求。它会动摇你原本的想法，确保你所追求的成功确实能带来长久的幸福。它会带给你自信，传授成功的技巧，在你逐梦的过程中助你一臂之力。

莱德的研究的最后一点启发是：随着年龄的增长，你会感觉时间过得越来越快。当你踏入人生的后半程，一切都变得越来越快，突然间你意识到自己已步入退休年龄。回首过去，时间显然是人生最宝贵的财富。

试一试 ·· ● 8

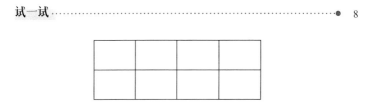

1. 在纸上画一个含8个格子的矩形，如上图。

2. 假设这些格子代表一个人80年的预期寿命，每个格子代表10年。

3. 划去你已经度过的时间，如40岁就划去4个格子。

4. 现在再划去剩下格子的三分之一，它们代表未来花在睡眠上的时间。

5. 接着，划去剩下格子的一半，因为根据《英国国家统计局时间使用调查》（*UK Office of National Statistics' Time Use Survey*）（2005）的研究，平均而言，我们花费：

- 5 年时间用于饮食（人生的 6.25%）。

- 8 年时间用于家务（人生的 10%）。

- 10 年时间用于工作和学习（人生的 12.5%）。

- 2 年时间用于个人护理，包括化妆和个人卫生（人生的 2.5%）。

- 5 年时间用于通勤和旅行（人生的 6.25%）。

- 9 年时间用于看电视（人生的 11.25%）。

- 1 年时间用于会议（人生的 1.25%）。

9　　6. 最后，想想还有什么占用时间的生活琐事没有计算在内，把它们也划掉。

反思你在做这项练习时的感受。

你现在感觉如何？关于时间与财富，你有了新的认识吗？

生活会因何而改变？

在与迈克软磨硬泡几小时后，我们终于忍不住问道："你一直以来都是这么想的吗？一直坚信生活中没什么需要改变的吗？"
迈克笑了，说道：

> 那倒也不是。大约 4 年前，我骑车时出了严重的交通事
> 故，奄奄一息。从那时起，我彻底转变了生活态度，生活方
> 式也有了很大改变。我意识到生命是那么宝贵，我不再把活
> 着当作理所当然的事。

与迈克一样，许多人只有在警钟敲响后才激发出充实生活的
动机。弗吉尼亚大学（University of Virginia）研究员乔纳森·海
特（Jonathan Haidt）对像迈克这样遭受过重大生活创伤的人会
发生怎样的改变非常感兴趣。

海特发现，对大多数人而言，危机过后的挣扎不但未使生活
变得更糟，反而有助于他们成长。尤其是它会帮助人们甄别生活
中究竟什么才是最重要的，使人更专注于那些对自己而言很重要
但目前没有时间去做的事。逆境就像一个过滤器——突然间，日
常生活中的琐事都变得微不足道。

用西蒙·韦斯顿（Simon Weston）的故事来佐证这一观点再
好不过了。西蒙是一名 21 岁的士兵，曾在一艘英国战舰上服役。

10

1982 年 6 月 8 日，这艘战舰遭遇敌方轰炸。爆炸中，西蒙的身体被烈焰包围，烧得面目全非，他先后接受了七十多次大手术。

经历了如此骇人的不幸，西蒙在他的书《砥砺前行》（*Moving On*）中写道：

> 伤残不是我生命中最糟的事。回顾受伤后我生活中所有变得更加积极的方面，从某种意义上说，它是最好的事。关键的不是你遭遇的事，而是你如何应对。重要的是你的生活将奔向何方，以及你将如何让一切变得更好。

伤残之后，西蒙致力于帮助他人，这使他完成了很多过去不敢做的壮举，如跑纽约马拉松和跳伞。

11　把握今日

如果许多人是在警钟敲响过后才开始行动，最大限度地充实生活和发挥潜能，那么关键便在于：**何必等生活敲响警钟才开始作出改变呢？**

除非你有幸拥有未卜先知的能力（如果先知的确存在），否则，你将无从知晓未来生活中会发生什么。虽然我们中的许多人会认为"这故事太糟糕了，这种事永远不会发生在我身上"，但残酷的现实是，不幸可能发生在每个人身上。

不妨进一步想想，如果你不用经历重大生活创伤就能收获充实的生活，岂不是再好不过？把今天当作你把握当下的第一天吧。

试一试 ●

想象你的生命只剩最后 24 小时。

- 你会做哪些事？
- 你还想和谁说说话？
- 你想对他们说些什么？

你的回答将凸显你最看重的东西。它是你目前生活中优先考虑的事情吗？或者，你需要重新规划一下时间吗？

实用小贴士

- 抽出时间宏观审视自己的生活。走出舒适区，承担一点额外的风险。
- 你的时间非常宝贵，把它花在值得的事情上。

重要知识点

现在就行动起来，或者换句话说：

未雨绸缪。

——哈维·麦凯（Harvey Mackay）

2. 以终为始
B: Begin with the End in Mind

激烈的竞争就像老鼠跑转轮，即便赢了，你也不过是一只老鼠。

——莉莉·汤姆林（Lily Tomlin）

你知道吗，针对美国最富有人群的一项研究显示，他们中有 37% 的人还不如普通人快乐。如果这些人一直以来都把追求财富当作追求幸福，那么这就是我们所说的 **"成功地避开了成功"**（successfully unsuccessful）。

因此，在向你传授强大的成功技巧，助你飞速实现目标之前，我们要确保你的目标是正确的（尤其是你梦想成为下一个亿万富翁的话）。

借用斯蒂芬·科维（Stephen Covey）的"伐树"故事作类比：如果你砍错了树林，无论你砍伐了多少棵树或清理了多少灌木丛，无论你付出多少努力，都没有用。

准备一张白纸，用一幅画画出你的理想生活。问问自己："如果我能把生活过到最好，那会是什么样？"

14　　　谨记，这是在探索什么能让你而不是其他人感到快乐。你心中十全十美的生活是什么样的？

如果你不愿意用图画的形式表达，可以试试用"繁盛"（FLOURISH）模型思考理想的生活：

朋友（friends，F）——与哪些人来往

爱情（love，L）——浪漫关系

职业（occupation，O）——如何利用"工作"时间

日常环境（usual environment，U）——家，它的布置和相应的生活风格

亲属（relatives，R）——与家庭成员的关系

收入（income，I）——个人财产

闲暇时间（spare time，S）——如何享受休闲时光

健康（health，H）——身体健康状况

你的生活要怎么繁盛起来呢？写下你梦想的生活中上述各个方面的样子吧。

为何会"成功地避开成功"?

尽管亚伯拉罕·马斯洛（Abraham Maslow）著名的**需要层次理论**被质疑有些过于简单，但它仍有助于理解人们为什么会走入"错误的树林"。

首先简要回顾一下需要层次理论的内容。1943 年，马斯洛提出，人有五种不同类别的需要。这些需要都要被满足，而重点在于，会按照以下顺序被满足：

1. **基本需要**（basic needs）——生存所不可或缺的条件，如 15
   空气、水、食物、住所。

2. **安全需要**（safety needs）——避免人身安全受到伤害或
   保障财产安全，以维持基础需要。

3. **社交需要**（social needs）——满足人类对同伴关系的需
   要，礼尚往来。

4. **尊重需要**（esteem needs）——受到尊重和肯定，显示财
   富或声望的需要。

5. **自我实现**（self-actualization）——发挥全部潜能，做最
   好的自己的需要。

需要层次的行为表现

为说明需要层次理论在日常生活中的表现，我们来看看乔·埃弗瑞治（Joe Average）[1]的故事，他刚刚大学毕业。

过去3年，乔在饮酒上的开销巨大，现在已宣告破产。因此，他回到了父母家中，只求有间屋子遮风挡雨，不愁吃喝，满足自己的**基本需要**。（当然也满足了他洗衣服的基本需要。）

看到他一连几周游手好闲，每天待在家里看电视，乔的妈妈忍无可忍，催着他去当地的招聘机构找份工作。乔想办法应聘上一家公司的基层岗位。他开始有稳定的收入，足够自己的饮食开销，能交一些房租，也开始偿还债务，这样就满足了他的**安全需要**。

乔在工作中交到了许多新朋友，甚至找到了女朋友（乔的妈妈对他的女朋友也很满意），满足了他多项社交需要。后来，他在公司争取到一个长期岗位。尽管这份工作远不是乔理想中的，但是工资高了很多，而且经过几年的努力，他在这个岗位上也颇

---

[1] "Joe Average"为美语中的俚语，一般指工薪阶层的普通人，男性。——译者注

有成绩。他受到提拔，资历不断丰富，职位升至经理直至高级经理。乔的**尊重需要**得到了满足，尤其是车位上停放着的那辆敞篷奔驰。他后来也与那位很受他妈妈喜欢的女孩结了婚。

然而，在乔40岁时，妈妈的突然故去令他措手不及，生活天塌地陷。打给妈妈的最后一通电话令他心中的愧疚久久不能平复。那天，他因为要仓促准备一项工作汇报，不得不告诉妈妈晚上不能与她共进晚餐。乔意识到，尽管他有一位好妻子，但他们相处的时间少得可怜，他把自己生存（他甚至不能管那叫生活）的大量时间花在办公室的"玻璃盒子"里，做着他不仅不享受甚至一开始都不想从事的工作。因为缺乏锻炼，他现在不仅拥有让他骄傲的宝马轮胎，腰上也有了一个结实的"轮胎"。

接着，比这一切更糟的是，他被公司辞退了。现实就是这么残酷，比起那些现在看来毫无意义的会议，乔后悔没把与妈妈的晚餐看得更重一些。当时，妈妈似乎没有那么重要。乔还有哪些未能优先考虑的地方呢？

这个故事的重点在于，我们中的许多人随波逐流，非常成功地在需要的金字塔上攀岩，靠近（但又不够靠近）塔尖。这就是"成功地避开成功"。

出发时便不知方向，怎么可能到达想去的地方？

——劳伦斯·J. 彼得（Lawrence J. Peter）

追求真正的成功

问题在于，当认识达到一定高度，我们会发现由于没有以终为始，自己即使已经接近需要金字塔的顶端，当前的生活也再不能支撑我们更进一步。我们被困在原地，经常是在遭遇了一场生活危机（如丧亲之痛或失业）之后才会停下来，思考自己要的究竟是什么。

然而，在努力以终为始时，还有一个更令人警醒的问题需要考虑："我心中的追求正确吗？"我们请你描绘心中十全十美的生活，就是在让你以心底的追求为出发点。现在需要强调的是，即使梦想成真，你仍然可能不开心。

18　**想一想** ···●

想象你刚刚拿到自己位于好莱坞的千万豪宅的钥匙。它十分漂亮——大理石地板，优雅又极具现代感的浴室，有最高规格的装修和陈设。你还有私人泳池和温泉。生活十分完美。

首次以房屋主人的身份推开华丽的院门，你瞥向旁边的山，看到了詹妮弗·安妮斯顿（Jenifer Aniston）的山顶豪宅。你羡慕地想："住在一个视野那么好的宅子里会是什么感觉？"

此处的一个重要建议是：在考虑你的理想生活时，请注意这一点，即有研究表明，即使你获得了极大的成功，你也会迅速适应你所得到的一切，而且你只会想要更多。

心理学家称之为"**享乐主义适应**"（hedonic adaptation）定律。例如，第一次坐进新车，你会感到一阵兴奋的狂喜。第二次坐进车里，你还是很兴奋，但比第一次弱一些。等到第 547 次坐进这辆车，它对你已经没什么影响了。

这有助于解释为什么美国最富有的人群并不比普通人更快乐——他们已经习惯了自己的财富，但仍未到达需要金字塔的最高层，或者说还没发现能真正让自己快乐的事物。已故的明尼苏达大学（University of Minnesota）心理学与精神病学教授戴维·莱肯（David Lykken）很好地总结了财富对个人幸福感的影响："那些穿着工装裤坐公交车上班的人，平均而言，与那些身着西装开奔驰上班的人一样幸福。"

获得真正的成功

许多人用钱财来定义成功。不过，越来越多的研究表明，大多数人分不清他们所以为的与真正能使他们快乐的事物。

我们十分确定，在英国典型的阴冷潮湿天气，不只有我们会幻想住在阳光更充足的地方该有多好。马丁·塞利格曼（Martin Seligman）在《真正的快乐》（*Authentic Happiness*）中提到的一项研究吸引了我们的目光。该研究发现，美国内布拉斯加州（Nebraska）的居民（他们生活在严寒气候中）认为自己如果住在加利福尼亚州（California）会更开心，但有趣的是，两州居民的幸福水平并没有显著差异。也许我们忘了，即便有最宜人的气候，那些带给人压力的事情也不会消失。我们也许并没有意识到，我们会多么迅速地认为周围的环境是理所当然的。

那么，在以终为始的过程中，如果我们想在生活中获得真正的成功和满足，我们应该关注什么？接下来的几个主题将向你展示一张地图，它将助你踏上实现理想的旅程。不过，在你"发动引擎"时，还有一些问题值得思考。

设定旨在增强自身社会支持的目标是值得的。研究显示，忠实的、信任的人际关系能给人带来快乐。此外，设定的目标应尽可能包含对自己有意义的事。你可能很难充分了解自己的人生目标是什么，但值得一试的是尽早找出它并不断向它靠拢。现代研究和前人箴言告诉我们，有目标有意义的生活是令人感到充实的根本。

如何发现使自己感到充实的事物？有一个方法是，回答这个我们经常提出的问题："如果钱不重要，你想把时间用来做什么？"思考一下这个问题的答案，它将揭示对你而言有意义的东西。

试一试 ·· ● 21

回顾上一个练习中你画出的梦想生活或列出的能让你繁盛的事物清单。结合刚刚读到的关于享乐主义适应定律、需要层次理论和真正能使你感到满足的事物，问自己："我把宝贵的时间和精力用在正确的地方了吗？"

人们会发现自己一生中最解脱的时刻便是意识到不需要一直追求住更大的房子，开更豪华的车，或者有更好的办公室。人们解脱了，因为能重新审视对自己而言最重要的事，不再陷入永无止境的欲望旋涡。你可能听说过"游艇嫉妒"（yacht envy）现象，它常在摩纳哥发生。在摩纳哥，富翁们的豪华游艇停靠在一起。看到别人的游艇比自己的奢华，富翁们就会觉得自己的游艇需要升级设备了。如果你觉得听上去很可笑，别忘了，你可能也处在同样的陷阱之中。

实用小贴士

- 确保在"正确的树林"中追求成功。

- 对自己的需要层次了然于胸，知道生活的各个方面是在垒土还是在抽砖。

- 明确自我实现——潜能的满足——对你意味着什么。

- 设定的目标应能最大程度巩固你的人际关系，并旨在从事对你有意义的事。

重要知识点

本书将为你的成功提供助力，但是在此之前，我们想先确定你所有的努力和付出都能有所收获，都能使你快乐（这在我们看来才是真正的成功）。向着心底的追求出发是最重要的，记住，金钱并不能带来最终的满足。

22

3. 当下 vs. 未来

C: Current versus Future

太多时候，我们过于关注旅行的目的地，忘记了沿途的风景。

——佚名

在上一主题，我们曾谈到本书会为你提供一份地图，它将帮助你在生活中收获持久的满足。这份地图与汉堡密切相关——嗯，还能是什么呢！生活中有四种汉堡，让我们来依次看看并介绍它们的含义。

夜店外的汉堡

你在外度过了一个愉快的夜晚，现在是凌晨两点，你和玩疯了的朋友们跌跌撞撞走出夜店。饿意袭来。黑暗寂静的停车场中，如天空照下的一束光，一个小摊位出现在你眼前，汉堡的香气飘散出来，那么诱人。你翻遍了身上每一个口袋，终于凑够零钱买到一个汉堡。口水已经到了嘴边。你的每一颗牙齿深深嵌入汉堡，如同一个吸血鬼。突然，你清醒地意识到：**这个汉堡一点儿都不好吃（当下），而且不健康（未来）。**

24　减肥中心的汉堡

你现在在减肥中心，这里什么都很棒，除了一点——所有你喜欢的食物，薯条、巧克力、饼干、蛋糕和甜甜圈，都被完全禁止。但是翻开菜单，你仿佛看到了希望之光。在全麦面包与扁豆汤之间，你发现了一款汉堡。你欣喜地等待着，却发现端上来的是一堆恶心的碾碎的豆子，搭配多到像一片森林的蔬菜。**这种汉堡吃起来太糟了（当下），但它至少很健康（未来）。**

快餐汉堡

你有没有特别想吃快餐的时候？这样的念头或许不是经常有，可一旦出现就完全停不下来，除非买一个汉堡。而且我们得承认，最后的结果经常是买了两个汉堡，一大份薯条，并搭配一杯奶昔！**这种汉堡很好吃（当下），但是不健康（未来）。**

自制汉堡

在一个风和日丽的夏日，你在自家花园与朋友一起烧烤。你

享受着阳光（当然涂了很多高倍防晒霜），享用着美味的自制汉25
堡。精瘦的有机牛肉没有任何防腐剂，配着汉堡坯间脆爽的沙拉，
真是珍馐美味！**这种汉堡很好吃（当下），而且很健康（未来）。**

试一试 ·····························●

想象汉堡是生活方式的缩影，四种汉堡代表四类人：

夜店外的汉堡：他们现在过得很糟，也没为未来的任何光明
付出努力。

减肥中心的汉堡：他们现在过得非常艰难，但付出都是值得
的，他们在为未来的成功奋斗。

快餐汉堡：他们只为当下而活，并不在意没有为未来作任何
准备。

自制汉堡：他们既在享受当下的生活，也在通过工作创造激
动人心的未来。

想一想你认识的人中有谁能代表这四种汉堡。你更喜欢哪一
种汉堡呢？

被忽略的沿途风景

心理学家塔勒·本-沙哈勒（Tal Ben-Shahar）是汉堡模型

26 （这些类比的原型）的创造者，他的见解非常深刻。他认为，成功不是达成目标那一刻的开心。真正的成功在于**享受通向你认为有意义的目的地的旅程**。成功就像那个自制汉堡。

　　本-沙哈勒是哈佛大学（Harvard University）最受欢迎的主讲人之一。然而，成为哈佛专家并不是他一直以来的梦想。他的人生经历（包括戒除对垃圾食品和汉堡的渴望的数月时间）对其学说有非常重要的影响。

　　在 11—16 岁期间，本-沙哈勒陷入了与"心理和身体的苦战"。他的梦想是成为以色列壁球全国冠军。他将"没有付出就没有收获"当作人生信条，不知疲倦地努力，直到终于可以向世界宣布自己的成功，享受杰出荣誉带来的喜悦。16 岁时，他的远大目标就已实现。在本-沙哈勒看来，快乐就是能在那一晚同家人朋友一起庆祝成功。

　　现在，请扪心自问：如果你不得不让生活停摆 5 年，为实现这个极具挑战性的目标艰苦奋斗，那么作为回报的喜悦会持续多久呢？5 年？1 年？半年？

27 　　对本-沙哈勒来说，这种喜悦持续了不到 24 小时。在夺得冠军的当夜，尽管他已经实现了自己的目标，并在这一过程中作出了牺牲，但他原本期待的喜悦消失了。此时的领悟永远地改变了他人生的方向，也改变了很多读过他著作或听过他讲座的人。

有过这种感受的并非本-沙哈勒一人。你能想象成为第一个登上珠穆朗玛峰峰顶的人是什么样吗？如果这个人是你，你会想些什么，又会有什么样的感受呢？

以下来自《福布斯》(*Forbes*) 的采访内容可能令你感到很意外，埃德蒙·希拉里 (Edmund Hillary) 先生，第一个成功登上珠穆朗玛峰峰顶的人，亲自讲述了他的登顶经历。成功登上世界之巅的那一刻，他几乎是出于本能地望向了临近的另一座山峰——马卡鲁峰，开始着手攀登下一座山峰。在成功的那一刻，他已经开始追寻下一个挑战。

陷入你死我活的竞争

许多人都被迫陷入生活的内卷 (rat race)。他们甘愿牺牲当下的心理健康，以争取未来的所谓"成功"。他们一直吃着减肥中心的汉堡，从不允许自己享受此时此刻的美好。而且最令人担心的是，这种竞争观念正是被那些最为我们着想的人——我们的父母和教师——灌输的。

回想童年，你是否曾被教育"只要努力学习，就能取得好成绩"？取得好成绩后，你是否曾被告知"继续努力学习吧，只要照做，就能获得学位"？毕业了，他们又对你说什么？"努力工作几年，给你的事业一个好的开始。"如果继续照做，新的要求便会是"如果把时间都用在工作上，你就能得到晋升，获得成功"。当你开始变老，你有没有被这样劝说，"继续工作吧，很值得，养老金会更高，马上就可以享受退休生活了"？

我们遇到的汉娜（Hannah）女士对此深有同感。她刚刚二十五六岁，说自己的父母一直奉行这种价值观，并灌输给了她。这种价值观曾经很有道理，直到有一天，她的父亲在努力工作时，毫无征兆地猝死了，离退休和拿到高昂的养老金仅 6 周。

选择正确的汉堡

设定目标是取得成功和收获幸福的好方法。但最重要的是，这个目标既要能让你享受达成目标后的喜悦，也要能让你在追求目标的过程中体会到真正的快乐。

追求夜店外的汉堡显然是没有意义的，毕竟谁会想过悲惨而又没有希望的生活呢？

然而，听了汉娜父亲在距离退休 6 周时猝然离世的事后，你可能会问自己："我是不是应该只为当下而活？或许我该忘掉事业，不再为未来省吃俭用。我应该去环游世界，感受世间美好。去他的理智！"

如果你正有此意，或许应该换个角度想想："如果我在接下来的一年里，每日三餐都吃垃圾食品，那么在这一年结束时，我会有什么感觉？"正如前一主题讨论的，享乐主义适应定律会出现，过去让人满足的事很快便会失去吸引力。另外，再想想它对你身体健康的长远影响。活在当下的同时，你是否扼杀了未来的可能性？

我们主张鱼与熊掌兼得。沐浴在阳光下享受的自制汉堡，可以和防油纸包裹着的批量生产的油腻汉堡（是不是突然间听起来也没那么诱人了）一样美味，甚至更加美味。也就是说，当你向着自己想要的未来努力，你既会收获真正的成功，也会感受到应得的快乐。

试一试 .... ● 30

想想你希望前往的目的地，换句话说，一个你十分乐于达成的目标。

现在用十分制，为追求这个目标时你的享受程度打分（1分代表完全不享受，10分代表完全享受）。

思考：我从中学到了什么？

练习目的：确保自己已树立正确的目标——既享受达成目标后的喜悦，也享受向着目标努力的过程。

通向真正的成功的地图

我们曾承诺会提供一张地图，帮助你体验持久的成就感。多年的研究和实践经验告诉我们，要想获得真正的成功，生活中必须满足三个要素：

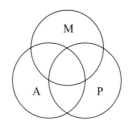

1. 意义（meaning，M）：为生命中重要的人和事腾出时间；感受目标感，为比自身更重要的事作贡献。

31

2. 成就（achievement，A）：成就感；富有成效并为实现目标而努力。

3. 积极情绪（positive emotions，P）：幸福、愉悦和兴奋的体验。

直击地图中心，体验成就感

有时，你可能会觉得意义、成就和积极情绪这三个要素相互冲突，不可兼得。例如，养育孩子可能会带给你深刻的意义感，但是当孩子在周日早上 7 点试图把你从床上拽起来玩时，你就失去了一次愉快的赖床机会。

尽管存在冲突的可能性，但重要的是以平衡的地图为目标，因为这三个要素需要同时具备，才能体验到成就感。原因在于：

• 想象一下，你的生活充满意义，却完全缺乏成就感和积极情绪。你就像南极深冬时节的帝企鹅爸爸，正做着一件意义深远的事（养活你的小企鹅），却在黑暗中站了几个月而一事无成，还要忍受令人痛苦的暴风雪。

• 或者，你可能被困在你死我活的竞争中，取得了很多成就，如升职、搬进了梦中情房。然而，你的生活被工作支配，而你的工作只是为了让公司的齿轮转动起来。你没有时间陪家人，没有时间陪自己，也几乎没有时间待在自己美丽的家中。这听起来真的是梦想中的生活吗？

• 表面上看，你可能会觉得做一个海滩流浪汉非常不错——每天都充满了积极情绪。生活就像住在一个全包的度假胜地，有慵懒的早晨、充足的食物和饮料、泳池边的时光，还有一些娱乐活动。这听起来可能比你死我活的竞争更惬意，但想象一下，如果这就是你日复一日的现实生活，你或许会开始觉得自己的生活缺少点什么。

我们认为，你应该以拥有全部三个要素为目标，只要有意识地努力，你就能同时拥有它们。以下是我们总结的目标：

意义——时间被誉为生命中最宝贵的财富，要明智地使用时间。要想在努力实现目标的过程中体验到极大的满足感，就应该选择对自己有内在意义的目标。换句话说，努力实现目标是因为它能给你带来目的感、联系感或贡献感，而不是因为它能带给你外在的奖励（如金钱）。如果你的目标没有内在意义，那么至少要确保为真正重要的事和人保留一些时间。

成就——任何一本关于成功的书都无法不提倡目标。事实上，以下各主题均致力于帮助你实现自己的目标。请作好准备，读完这些主题后，你会感到非常有动力。好消息是，成就感也是幸福感的重要组成部分，因此，如果你想对生活感到满意，就应该设定并努力实现鼓舞人心的目标。

积极情绪——在努力争取未来的回报时，也要兼顾当下的享受。在可能的情况下，请选择一条既能让你享受旅途又能让你到达目的地的道路。即便旅程中痛苦不可避免，你也应该争取挤出时间做一些让你感觉良好的事，同时努力实现你的目标。

有些人很难确定自己的人生目标。如果你的情况仍然如此，建议你访问我们的网站，那里有充足的资源可以帮助你确定自己 34 的人生目标，过每天都充满意义、成就感和积极情绪的生活。

实用小贴士

在实现有意义的目标的同时，努力体验积极的情绪。

重要知识点

持久而充分的成功需要你在当下的快乐与未来的回报之间取得平衡。尽可能选择一条既能享受旅程又能享受终点的路。

本书开篇强调了主动充实生活的重要性，也提供了一些确保树立正确目标的技巧。关键在于，你的目标是否值得你付出努力。正如前文所言，成功实现错误的人生目标是没有意义的。现在，你手握这张地图，已准备好踏上通往真正的成功的激动人心的旅程。

4. 敢于梦想

D: Dare to Dream

> 如果我们能完成所有力所能及的事，最后的结果一定会令人大吃一惊。

> ——托马斯·爱迪生（Thomas Edison）

我们的朋友扎赫拉（Zahra）是一位教师，她深受法语老师内维尔（Neville）女士的启发。在扎赫拉为期 2 年的 GCSE 课程的第一天 ①，内维尔老师在全班学生面前大掷豪言："只要肯努力，班上的每一位同学都能在 GCSE 法语考试中拿到 A 或 A* 的成绩。"如你所料，学生们的回答是："随便吧！"其实，扎赫拉也觉得内维尔完全是在自欺欺人（说实话，这是她对大多数教师的看法，而且好笑的是，她最终也成为了教师）。

内维尔老师并没有将学生的怀疑放在心上。在接下来的 2 年

---

① GCSE：全称 General Certification of Secondary Education，即普通中等教育证书。为英国中学考试合格凭证，相当于中国初中毕业文凭。成绩等级以 A* 为最高。——译者注

里，她不停地告诉班上的学生，每位同学真的都能拿到 A 或 A*。实际上，她经常把这件事挂在嘴边，以至于过了一段时间，学生们也开始相信，无论她是不是在自欺欺人，她肯定百分百确信全班确实会拿到这样的成绩。渐渐地，内维尔老师的信念开始影响到学生。

猜猜成绩公布的那天发生了什么？班上的每一位同学真的不是得了 A 就是 A*。整届 GCSE 考试中，没有任何其他班级达到这样 36 100% 的高分率，包括另一个法语班，该班学生的水平与内维尔老师的班级相近，执教老师不同，但使用的课本和课程大纲相同。

内维尔老师班上学生的学习天赋并不比其他班高，成绩没有理由全面超过别的班。你觉得出现这种情况的原因是什么呢？

内维尔老师的成功可以用一项极为强大的技术解释——她创造了一个积极的**自证预言**。

"自证预言"（self-fulfilling prophecy）一词是社会学家罗伯特·默顿（Robert Merton）1968 年提出的。它最初是对情境的错误判断，但是它会唤起新的行为，从而使预判的情境成真。

自证预言背后的秘密在于，你对情境的积极或消极信念使你与其他不具有此信念的人产生态度上的区别，进而在行为上产生差异。

例如，扎赫拉评价她的法语课"忙到废寝忘食"，因为教师提出了全班都要得高分的挑战，而且重要的是，教师不断向学生灌输"努力是值得的，大家都会从高分中获益"的观念。相较而言，其他班级对成功没有这么高的期待，没有如此重视发挥自身潜力，因此也没有像他们那样努力。

想一想 ....●

你是否经历过自证预言？你能否回忆起一个自己听过、读过或见过的自证预言？

信念的力量

对自己的能力抱有积极的信念，即使这种信念并不一定完全合理（也许只是现在不那么合理），它也会帮助我们收获更好的结果。相较那些对自己的能力抱着消极或无用的态度并因此放弃努力的人，或许你现在已经能够看到敢于梦想的伟大力量了。

理论上，这一切听起来都很不错，但人们常用下面的观点来挑战我们：

> 我知道你说的是什么意思，但如果你根本就不相信自己能做到那些事，你就很难让自己相信你能做到。

这的确非常合理。但令人遗憾的现实是，不是每个人都能有 幸遇到一位"内维尔老师"来帮助自己相信自己的能力。有时你只能自己做这件事。因此，随之而来的关键问题便是：如何相信自己能做到那些自认为做不到的事？

试一试 ●

你是否曾做到了那些自认为做不到的事？尽可能多想几个例子。

想想你从这些经历中吸取到哪些教训，例如：

• 在几乎要放弃的时候，我做了最后一次尝试，结果意想不到成功了，原来成功已离我不远。

• 我非常清楚自己要的是什么，我在取得成功前一直很努力。

• 我很庆幸自己的目标非常高，不愿轻易将就。

激发潜能

拥有成功人生的关键之一在于，敞开心扉接受这样一个事实——你可以做到自己原本不认为能做到的事。你所认为的不一 定是事实。你的能力超乎你的想象。

一旦接受了"我能做到自己原以为不能完成的事"这一事实，世界便由你掌控。你可以开始尝试追求曾经触不可及的梦想。你对它越是坚定，它就越会成为一个强力的自证预言。

当你觉得做不到某件事时，你甚至不会去尝试，因而绝对不会成功。与此形成鲜明对比的，是那些认为自己的梦想能够实现而只是时机未到的人。他们会行动起来，通过持续的努力和动力，成功实现自己的目标。

试一试···●

试试这个"25个目标"挑战！在5分钟内列出25个目标，它们可以是任何你喜欢的事。例如：

- 想去的地方。
- 想要的东西。
- 想体验的事。

记住，目标要具体，而且不要怕把目标定得太高（一位女士在她的清单上写下了"登上月球 / 感受失重"）。

好的，现在你有5分钟时间列下25个目标。开始吧！

40   "25个目标"挑战的效果给我们留下了深刻印象。路易丝（Louise）是我们知道的第一位尝试此练习的人，她在一年半的时间内完成了 25 个目标中的 14 个，其中就包括"找到另一半"——她现在已经结婚了。有趣的是，在已完成的 14 个目标中，有 8 个是她最先列出（也最重要）的目标。希望你也能完成清单上那些排在前列的重要目标。

路易丝的一个梦想是亲眼看一看蓝鲸。与每一个参观过闻名世界的伦敦自然历史博物馆的人一样，路易丝为蓝鲸那庞大的身躯所震撼。她 7 岁时参加学校组织的参观活动，看到博物馆内巨大的蓝鲸模型。然而，蓝鲸罕见，她从未想过自己能有机会亲眼见到蓝鲸在海中游弋。她想看蓝鲸想了 20 年，却从未付诸行动。

以"25 个目标"挑战为契机，路易丝在几周之后预定了 2 周的生态游，前往亚速尔群岛（Azores）辅助一项鲸鱼研究。可是一连几天，她都没有见到鲸鱼的影子。就在行程即将结束的最后一天的最后一个小时，猜猜什么来了？一头蓝鲸游过，优雅地俯冲下洋面，完美地展示了它优美庞大的尾鳍。这番奇景并不是每次都能看到，但你就是要坚信不可能的事情能够发生，并为此行动起来。

你永远不会知道下一秒将发生什么！

如何看待《X音素》的参赛选手?

读到此处,你可能联想到那些参加诸如《X音素》(X-Factor)这类达人秀或歌唱综艺海选的选手——他们五音不全,遭到淘汰而失落离开。开办培训课程以来,这是来自听众的一个非常普遍又合理的问题。对此我们给出的答案是,关键在于你有多大的决心。如果你真的想要成为歌手,那么只停留在想法上是不够的,你需要全身心地投入这份事业(需要的努力远比只参加《X音素》的试音多得多)。"熟能生巧"这句话蕴含了很多哲理,即使有些人天赋过人,也仍需不断练习——亚历山德拉·伯克(Alexandra Burke),2005年首次参赛时几乎闯进决赛,又努力了3年,2008年终于成功夺冠。

如果你想在《X音素》中获胜,但又没有什么才艺,或许应该扪心自问:"我为什么想要这些?成功会带来什么?"你是真的想成为一名歌手,还是只想获得成为明星带来的成功?如果是后者,再问问自己:"能不能以其他方式获得同样的成功,用更适合我,我也更享受的方式?"毕竟,"殊途同归,其致一也"。

下次去超市时，买一本能存 50 张照片的相册，再准备 25 张贺卡。在每张贺卡上写下"25 个目标"中的一个。每完成一个目标，就拍一张成功时的照片放入相册，标上当天的日期。开始收集这本装满奇妙回忆的相册吧！

实用小贴士

• 要敢于梦想！我们并不需要现在就达成目标，只需要坚信自己能行，并为之行动起来。

• 你的能力超乎你的想象，相信自己的能力，向着目标勇往直前。

重要知识点

不论你是胜券在握，还是任重道远，首先都要相信自己能够成功。

无论你是相信自己能行，还是觉得不可能做到，最后你都会是对的。

——亨利·福特（Henry Ford）

5. 努力

E: Effort

我在奥运会代表队遇到迈克尔·乔丹（Michael Jordan）时，他的能力远超同队其他队员。但让我印象深刻的是，他每次总是第一个到，最后一个离开。

——史蒂夫·奥尔福德（Steve Alford），NBA 球员，奥运会金牌得主

如何才能成为有史以来最伟大的奥林匹克运动员？作为首位单届奥运会揽获八枚金牌的选手，迈克尔·菲尔普斯（Michael Phelps）很有资格回答这个问题。更棒的是，据称，由于其出色的成绩，菲尔普斯 23 岁时已通过广告赞助和收费演讲赚到了 1 200 万—1 500 万美金。用他自己的话说："对一位游泳运动员而言，这相当不错了。"

这份成功靠的绝不仅是运气。菲尔普斯坚持不懈地全心投入是成功背后的绝对关键因素。在超过 12 年的时间中，菲尔普斯
几乎从未停止训练，生活被泳池中的数千小时填满。这并不总是

有趣的。教练让他完成被他称作"可怕，可怕至极的训练"，如以最快速度游完 10 000 米（大约需要两个半小时——天呐！）。

在美国 CBS 新闻的一次采访中，菲尔普斯的教练鲍勃·鲍曼（Bob Bowman）透露，在接近 5 年的时间里，即使是圣诞节，菲尔普斯也没有一天停止过训练。在生日当天训练更是理所当然的。

幸运的是，菲尔普斯的目标明确且充满意义，希望这能抵消训练过程中的痛苦。

优秀与杰出之间相差多少？

心理学家安德斯·埃里克森（Anders Ericsson）开展的一项有趣研究可以回答这个问题。在导师的帮助下，柏林顶级音乐学院的学生被分为三组。第一组学生被评价为永远无法达到专业演奏水平，职业生涯注定只能以成为音乐老师告终；第二组被认为能力十分优秀，能够成为专业的音乐家；第三组则是音乐新星，导师认为他们有成为世界级音乐大师的潜力。

令人吃惊的是，有个单一因素与学生的优秀程度息息相关。45 也许很出人意料，这个单一因素不过是练习的小时数。

平均而言，水平最低组的学生的练习时间大约是 4 000 小时；优秀组大致为 8 000 小时；而最杰出的学生的练习时间接近 10 000 小时。有趣的是，埃里克森没有找到任何"天才"——杰出组没有任何人能省略长时间的练习。对每个人而言，练习都是成功的关键。

这份研究表明，没有人拿起小提琴就能立即成为天才——事实远不是这样。相反，2 000 个小时的额外练习（相当于 250 个额外的 8 小时工作日）才是优秀与杰出之间的差距。

想一想 ··●

为了能够脱颖而出，无论是音乐家还是菲尔普斯都要付出一小时又一小时的练习。回想"25 个目标"挑战清单上你最想做到的事，你需要付出多少努力来实现自己的目标呢？思考时注意尽可能细致具体。

46 大目标需要更大努力，因为有大回报

当被问及是什么激励着他连续 5 年日复一日地训练，菲尔普斯回答道：

我想完成从未有人做到过的事。这是我每天清晨起

床的动力。

这是心理学家口中的**努力启发法**的一个例子。努力启发法（effort heuristic）（启发法通常指"拇指规则"）指一个人为达成某件事所投入的努力程度取决于该目标在其心中的价值。如果目标对一个人而言并不重要，那么他愿意为之付出的努力就会减少。因此，我们的努力程度与我们对回报的期待息息相关。

在帮助很多人实现目标之后，我们发现，最终决定他们能否成功的一个关键是：他们有多想实现自己的目标。换句话说，他们实现目标的愿望越强烈，就会付出越多的努力，因此也越容易获得成功。

再怎么强调也不为过的一点是，如果你想完成某件非常困难的事，为了能坚持不懈地努力并取得成功，你必须真的想要实现它。

如何保持奋斗的热情？

当你发现自己想要完成某个目标却无法保持充足的干劲时，别忘了努力启发法给我们的启示——努力程度与目标在你心中的位置息息相关。

如果达成目标的过程过于辛苦，让你有些气馁，问问自己能否改变努力的方式，降低**对努力程度的感知**，这样你就能享受达成目标的过程了。

哪些事在妨碍你达成目标？

试一试 ···●

回想你定下的目标。妨碍目标达成的一个最重要因素是什么？

我们问了成百上千人同样的问题。"没时间"是最常见的答案，例如：

• "我希望身体健康，但工作实在太忙了，没时间去锻炼。"

• "我希望孝敬父母，多与他们联系，但有了孩子后时间就不是自己的了。"

• "我想找到另一半，但现在除了工作就没别的时间了。"

我们平时是怎么使用时间的？

猜猜除去睡觉和工作学习，占用我们最多时间的是什么？答

48

42

案是看电视！平均而言，女性每天花两个半小时看电视或听音乐。更可怕的还是男性，他们会花费近 3 个小时。这些时间足够你去体育场锻炼，多和妈妈聊聊天，在交友网站上建立个人主页，与新认识的朋友喝一杯。

生活中有许多空闲时间，为什么不利用起来呢？有时，恐惧会让我们退缩。（一些人也许对网络交友望而生畏，但希望你不会害怕和妈妈聊天！）如果你正在努力实现自己的目标，而时间不够也是真实的理由，那么是时候问问自己："那个目标对我而言究竟有多重要？"如果它对你足够重要，就值得为它抽出时间。这便是原因所在。

试一试 49

想想你要达成的目标，设想一下：

• 今天你已经读过了这本书，但是没时间为自己的目标行动起来。你可能一点也不觉得困扰，因此没做任何事。

• 到了这周的周末，你依然没有任何行动，有许多事情挡在你面前。你对自己的目标感觉如何？

• 已经一个月了，假设你依然没有任何进展，这对你又意味着什么？你要如何向自己解释？其他人会怎么看你？

• 1年过去，依然如故。你对自己感觉如何，目标实现一个了吗？

• 3年过去，一事无成。想想那时的你。什么都没改变，一切还是老样子。

现在，时间倒转，重新来过：

• 就在今天，虽然很忙，你还是决定朝着目标迈出一步，无论是一大步还是一小步。你准备做些什么？完成后感觉如何？

• 有了动力，这周剩下的几天你都干劲满满。你会更进一步，取得更多进展。你对自己的目标感觉如何？

• 月末，你开始享受努力带来的回报。你会对自己说什么？别人又会怎么看待你？

50 • 1年过去了，一切大不相同。想想你已经完成的事，感觉如何？

• 再想想3年后的你，那时你取得了怎样的成就？那感觉该有多棒！

问问自己：你现在需要做些什么？

实用小贴士

· 只有当目标值得付出时，你才会愿意为之努力。

· 你越想实现自己的目标，就越享受实现目标的过程，也越有奋斗的热情。

· 找出生活中偷走你时间的那些事，问问自己："还有没有更值得我花时间去做的事?"然后去做那些更重要的事吧。

重要知识点

天才与成功之间的距离是许许多多的努力。

——斯蒂芬·金（Stephen King）

6. 克服恐惧
F: Fear

在我们赋予事物意义之前，事物本身没有任何意义。

——T. 哈维·埃克（T. Harv Eker）

在我家，对天花板上潜伏的蜘蛛有着两种完全不同的看法。戴维会认为"不过是只蜘蛛"，艾莉森则觉得"蜘蛛太可怕了"。

对于"蜘蛛可怕吗？"这个问题，谁才是对的？显然，艾莉森会觉得她是对的——妻子总是对的！

严格来讲，两人都是对的。蜘蛛对一些人而言很可怕，但对另一些人而言并不可怕。正如开篇所引埃克的话，除去我们赋予事物的意义，事物不再有任何意义。

最重要的是面对蜘蛛时我们行为上的巨大差异。戴维看到那些常见的大型家蛛时，只会低头继续忙自己的事。而艾莉森看到蜘蛛时，会惊声尖叫，恨不得跑出一里地。

对事物的**感知**影响着我们的**行为**，即使这些**感知**不一定真实。由此产生的**行为结果**可能是积极的，也可能是消极的。如果你不喜欢基于这种感知的行为结果，不妨问问自己："我所相信的是真实的吗？"

如果你害怕将目标付诸行动，而且这影响了你的行为，使你畏缩不前，便是时候问问自己："这份恐惧究竟有多真实？"

试一试 ....●

克服恐惧是人们实现目标时关键而必要的一步。因此本章将专注于教你如何克服恐惧。

作为热身，请在一页纸的左侧写下你对实现目标的所有恐惧，在右侧列出这种恐惧对你的行为的影响。例如：

对目标的恐惧	对行为的影响
我害怕失败时成为别人口中的笑柄。	我没有尽我所能追求目标，终日随波逐流。

同样值得反思的是，是否每个有类似目标的人都会有这些恐惧。如果其他人没有这些恐惧，在实现同类目标的过程中，他们会领先你多少呢？

我们习得的恐惧

到了关键时刻，我们中的很多人可能还是会想："我想实现自己的目标，但就是不能停止害怕和担心！"

这一切听起来很简单，不是吗？如果你对什么都感到害怕，而且这种害怕会导致不良后果，那就告诉自己害怕是完全错误的，然后一瞬间，行为和结果就会彻底改变。见证奇迹的时刻！

是的，没错！试着去和那些突然被叫起来当众发言，吓得声音发颤的人说吧。研究显示，害怕当众发言的人比害怕死亡的人还多。并不是作出不再害怕的决定，就可以让恐惧神奇地消失。

然而，恐惧是植根在内心深处，无法阻止的吗？好消息是，恐惧并不是与生俱来的，我们能够克服它。

在理解如何克服恐惧之前，我们首先需要了解恐惧的脑神经机制。那么就让我们从头开始，探索恐惧究竟由何而来。

人们常说恐惧是与生俱来的，然而与生俱来的恐惧其实只有两种。一种是对坠落感的恐惧，另一种是对巨大噪声的恐惧。

有趣的是，心理学家现在甚至相信这两种恐惧也不是天生的。

在心理学家看来，与其说我们生来就具有这两种恐惧，不如说我们生来具有两种条件反射：

- 体验到坠落感时抓东西。

- 听到巨大噪声时身体一震。

这些行为最初可能是潜意识的，但随着婴儿逐渐长大并从他人的恐惧反应中学习（如妈妈在婴儿坠落时发出的尖叫），这些行为与有意识的恐惧联系在了一起。这些对研究的新解读暗示，所有恐惧实际上可能都是后天习得的。恐惧其实是"人造"的。如果所有恐惧都是习得的，那么接下来的问题就是：可以不习得这些恐惧吗？为了回答这个问题，我们得了解一下大脑如何完成它最擅长的事——学习。

你可能听说过"巴甫洛夫的狗"。在伊万·P. 巴甫洛夫（Ivan P. Pavlov）著名的实验中，他在给狗投食前会摇响一个铃铛。狗一看到食物就会自然而然地流口水。多次训练后，狗渐渐知道铃声一响就会有食物。于是，狗学会了响铃与投食之间的关联。此研究最重要的发现是，最终仅仅是铃铛响起就足以让狗流口水——甚至不需要看到任何食物。

约瑟夫·勒杜（Joseph LeDoux）是研究恐惧习得问题的顶尖学者。他解释道：就像巴甫洛夫的狗学会将两个无关的中性刺激（铃声与食物）联系起来，如果你在遇到一个中性刺激时体验到恐惧，你就会将那个刺激与恐惧联系起来。

55

假设你昨天被邻居家的狗咬了。你今天以及未来一段时间看到狗的时候，你的"逃跑、战斗或恐惧"反应就会触发，你进而会逃走、准备战斗或僵在原地。所有这些反应都会引发不同的生理反应。

这里的关键在于那句"以及未来一段时间"。如果巴甫洛夫摇响铃铛却不再投食，一段时间后，狗就学会了不再将铃声与食物的到来联系在一起。这种反应被称作"消退"(unlearned)。与此类似，如果你反复暴露于有那条咬你的狗的环境中，并且没有发生意外，那么一段时间后，你也能学会不再害怕那条狗。"恐惧的消退"是治疗恐怖症的基础。

可见，尽管阻止自己学习某些恐惧看起来不太可能，但你可以学会克服恐惧。

56　消除恐惧

克服恐惧的核心方式有两种：行为疗法和认知疗法。

行为疗法

如果某人害怕狗，一个可能的解决方式是让他慢慢增加与狗的接触，直到他能学会放松地与狗相处。例如，最初可能是在他的隔壁房间放一条狗，让他能通过玻璃看到。他需要学习放松技巧，学会在隔壁有狗的环境下平静下来。下一阶段的情境与之前差不多，但这次门是开着的。就这样，随着不断训练，逐渐提高与狗接触的程度，直到他学会自如地与狗亲密接触。

行为疗法通过间接挑战你对狗的看法起效。一开始你可能觉得狗非常可怕。治疗中，这种感觉从未得到明确解决，相反，你只是去学着适应一条狗，从而改变自己的行为。久而久之，你的观念也会改变，逐渐意识到狗一点儿都不可怕。

试一试 ·· ●

思考你该怎么运用行为疗法克服自己的恐惧。例如，如果你的目标是让更多人了解自己热衷的事，却害怕当众演讲，想一想你需要设置哪些渐进的步骤以克服对演讲的恐惧？

认知疗法

认知疗法涉及挑战并最终改变你对特定情境的看法，从而降低恐惧的程度。这通常会通过交谈实现，交谈对象会就这种恐惧询问很多问题。此方法旨在直接挑战使你产生恐惧的信念，釜底抽薪，撼动你信以为真的假设。

阿尔伯特·埃利斯（Albert Ellis）在 20 世纪 50 年代发展出的 **ABC 模型**（ABC model）是认知治疗干预的常见方法之一。

A 代表**触发事件**（activating event，恐惧的触发因素）。

B 代表**信念**（belief，对此情景的假设）。

C 代表**后果**（consequence，由触发事件和信念引起的感觉、行为或结果）。

如果你对取得的结果（后果）不满意，继续步骤 D 和 E 会对你有所帮助：

D 代表**思辨**（dispute，是否有关于此信念的其他可能性）。

E 代表**有效替代**（energizing alternative，可采用的更强有力的信念）。

试一试 ●●●

想一想你该如何运用 ABC（DE）模型克服与目标相关的恐惧。

跟随下面例子中的步骤使用此模型，注意步骤顺序是 ACBDE。

第一步　触发事件是什么？例如，我需要一份新工作，但是对找工作感到很焦虑。

第二步　后果是什么？例如，我迟迟没有去应聘。

第三步　后果背后的信念是什么？例如，我不擅长面试。

第四步　对于此情境，有没有其他解读方式可以改变原先的信念？例如，勤加练习，我会更擅长面试。

第五步　更强有力的信念是什么？例如，我应该申请新工作，而且我能提高自己的面试技巧。

实用小贴士

• 大脑会对威胁进行认知加工，恐惧其实是对认知的反应，而不是针对事物本身。

• 行为疗法可以通过打破恐惧反应与触发事件的联系使恐惧消退。

• 认知疗法可以帮你以另一种方式解读事件，让信念成为助力而不是阻力。

重要知识点

如果恐惧对我们而言是一种阻碍，那么可以像习得恐惧那样让它消退。

7. 目标

G: Goals

目标是有截止日期的梦想。

——拿破仑·希尔（Napoleon Hill）

你是否曾将"尽力了就好"作为自己的生活准则？如果是这样，你可能错失了很多激发自身潜能的机会。研究显示，如果想获得更大的成功，你应该为自己设定目标——更确切地说，目标应该既具体又具有挑战性，而且要定期监控目标达成的进度。

下面的场景会不会让你感同身受？我决定开始跑步，尽力提高成绩，可结果非常糟。我这辈子从没跑步超过 1 英里 [①]，在多次尝试后，仅仅跑了 10 分钟，我就感觉自己要死了（不开玩笑！）。最终，一个月不到我就放弃了跑步。跑步很无聊，又非常痛苦，看上去也没对我的健康产生什么积极影响。

---

① 1 英里 =1.609 千米。

我在公司的夏日聚餐中吐槽跑步时（也是在不知喝了多少杯酒之后），出于某种莫名的冲动，我口出狂言："明年我要跑下马拉松。"第二天我在宿醉中醒来时，消息已如野火般传开，人们纷纷过来对我说："艾莉森，听说你要去跑马拉松！"这就非常尴尬了，我开始考虑"好吧，最好还是去跑吧"。

　　9个月后，经过不知多少小时的努力，我以5小时50分钟的成绩完成了伦敦马拉松。那是我一生中最美好的几天。有趣的是，一番思考后我想，如果我没对自己说"尽力就好，完成比成绩更重要"，成绩会不会更好一些。生活的这一篇章向我证明了设定目标的巨大力量，具体而言：

　　• **如果为自己设定一个极具挑战性的目标**，你就能突破你最疯狂的梦想。我向你保证，就算在最疯狂的梦里，我也从未想过自己能跑完一场马拉松。每年我都会在电视上看马拉松比赛，想着如果能有块马拉松奖牌该有多高兴（只是想要奖牌！），同时又纳闷怎么会有人能跑超过3英里。

　　• **目标要具体**。当我以跑5千米为目标时，我取得的成绩比只以跑得越远越好为目标时高得多。明确的目标能在你快要放弃时发挥激励作用，也能让你在完成目标后更有成就感。

　　• **监控进度**。不接受训练我根本不可能完成26.2英里的马拉松。因此，我得遵循一定的训练计划——我很清楚自己必须怎么做才能完成马拉松比赛。当我发觉自己落后时，这会让我进一步集中精力完成目标。

这个故事中的道理得到了一些研究的证实。例如，埃德温·洛克（Edwin Locke）和加里·莱瑟姆（Gary Latham）在他们的综述研究中发现，超过 90% 的研究显示，确立一个具体又具有挑战性的目标，比模糊的目标或没有目标更能带来更好的表现。

他们认为，最根本的是，目标能引导人们努力和专注。他们还得出结论，人们需要反馈来衡量他们在实现既定目标方面取得的进展。如果你不清楚自己现在做得怎么样，你就无法调整努力的程度与方向，以达到实现目标的要求。

试一试 ....●

第一部分

在前几个主题，我们已经提示你思考那些激励你的目标！现在是时候向着目标努力了。在本书的剩余部分，我们将处理如何实现目标的问题。因此：

- 把你的目标写下来，尽可能具体一些。

64

- 确保这一目标让你充满热情。

- 尽量为目标加上期限（如截止于今年 12 月 31 日）。

- 尽可能将成功量化（如"薪水翻倍，年薪 10 万英镑"）。

第二部分

- 准备一个信封。

- 将写有目标的纸放进信封，并确保你也在别处记下了它。

- 在信封外写下你希望达成目标的时间，并写上地址。

- 请信任的人代为保管信封，按信封上的日期把它寄还给你。

设定短期目标与长期目标

我们现在已经了解到，设定目标可以产生长远的影响，而它同时也是一个有效又实用的日常策略。加利福尼亚大学洛杉矶分校（University of California，Los Angeles）的教师埃米莉·凡·索南伯格（Emily van Sonnenberg）已证明了这一点。

索南伯格开设了一门积极心理学课程。作为课程的一部分，她要求学生每天在被她称作"意向日志"的项目中完成一项记录。日志包括"具体的每日目标"，也就是"我今天想要完成什么"。一旦有了明确的意向，就要在日志中记录下来。 65

意向可以简单如"把某人逗笑"，也可以复杂如"让自己感觉更好"。每天结束时，学生需要评估目标的达成进度，用加号或减号表明自己是否已达成目标。每周结束时，学生需要上交日志供索南伯格查看。撰写日志的目的有两个：首先，让学生对自己追求目标的过程负责；其次，对学生的目标、方法和进度给予反馈。

索南伯格每周都会对学生的收获进行评估，她得出的结论是，正如洛克预测的那样，那些设定了具体、有难度但可实现的目标（他们认为这些目标很重要），并且勤于向自己反馈进度的学生，比起那些目标设定得空泛或简单，又或每晚不检查并记录进度的学生，达成目标的频率高出 92%。

设定目标是为了更好的人生

66

更重要的或许不是 92% 这个数字，而是意向日志可能发挥的长期作用。

自开设这门课程起，索南伯格已收到往届学生寄来的数十封信件。她说每封信件都提及设定具体、有难度、可实现的、自认为重要的目标已成为他们的一种生活方式，而这都是他们严格坚持每天记录意向日志的积极效果。

更重要的是，使用意向日志令索南伯格的生活发生了改变。她将此形容为"创造奇迹之物"。几年前，索南伯格遭遇了一场车祸，与死神擦肩而过。雪上加霜的是，医生说她可能再也没法走路了。然而，索南伯格并不打算接受医生的诊断，她在意向日志中写下了严谨的目标，并借此重获行走能力，打破了医生的断言。

试一试 ....●

如果你从索南伯格的故事和"具体的每日目标"的力量中获得启发，不妨试试下面的练习：

- 安静坐下，放松，询问自己："我今天想要收获什么？" 67
- 把它记录在你的意向日志中。
- 一天结束时，回顾自己是否已达成目标，画上笑脸或哭脸。
- 每天重复这一练习，让意向日志成为一种生活方式，享受它带来的益处。

实用小贴士

熟记以下技巧，灵活运用，你会因发挥出自己的潜能而受益匪浅。

- 设定目标——让它具有挑战性。
- 目标要具体。
- 监控达成目标的进程。
- 让设定目标成为习惯。

重要知识点

目标具体又具有挑战性的人远比目标模糊或没有目标的人更可能达成目标。

8. 目标高远
H: High

如果瞄准月亮，即使失手，也会落在星辰之间。

——莱斯·布朗（Les Brown）

你刚刚了解了设定目标的意义，尤其是设定一个具有挑战性的目标。虽然人们通常可以意识到这样做的益处，也理解背后的原因，但还是经常担心自己的目标是不是定得太高了。

害怕失败乃人之本性。毕竟设定一个过于有挑战性的目标，也会让自己面临更大的失败的可能性。而且，如果这是你一心想要做到的事，并全身心投入，一旦失败，你就会受到"双重打击"：既感到极度失望，又觉得自己很愚蠢。你不禁扪心自问："我这又是何必呢？"

与其好高骛远，选择一个折中的目标可能更加安全，而且如果最后做得比预期好，那不是锦上添花吗？你甚至可能会抗拒设定一个大目标——"我现在就很好，谢谢"。

　　　那么，就让我们一起看看普通工薪阶层的一天。天还没亮你就被叫醒，准备去上班。

　　在闹铃已不知按了多少次之后，你终于出了被窝。去公司的路上，你满脸呆滞，仿佛一具行尸走肉。接下来的七八个小时（如果你有幸只需要工作这几个小时），你的情绪就像坐过山车，有时可能会高兴，但也经常感到有压力和无聊。终于下班了（天都黑了），你回到家中，像个活死人，缺乏生机。吃过晚饭，你收拾干净桌子（如果愿意的话），窝进沙发。电视亮着，你一动不动地盯着屏幕，直到上床休息。你调好了闹钟，等待新一天的循环开启。

　　在与许多人接触之后，我们可以确定的是，出于某些原因，人们极度执着于这种生活方式。他们拒绝改变，因为"现在这样挺好"。就像我们会习惯于自己的成功，他们已经习惯了令人失望的乏味生活，并将自己的梦想埋葬其中。

　　一些人，一些非常成功的人，不愿接受这种现状。相反，他们目标高远，并全身心投入手头的工作。这些人运用洛克在1968年发现的一个准则：目标的难度与为之付出的努力之间存在一定关联。只要目标高远，他们的表现便会提升。

　　　你可以从1962年美国总统约翰·F. 肯尼迪（John F.

Kennedy）勾画的载人登月梦想中看到这一效应。他曾立下豪言：

> 我们选择在这个十年奔向月球并完成其他一些事情，不是因为这些事简单，而是因为它们很难，因为这些目标有益于组织和估测我们最大的能力与技能，因为这一挑战是我们乐于接受的，是我们不愿拖延的，是我们势在必得的。

仅通过这样一篇公告，肯尼迪总统便承诺美国将在 20 世纪 60 年代结束前，将一位宇航员送上月球。他向全美宣告，他们目标高远，因此现实会随之而变，因此参与其中的人们会表现得更好以应对挑战。

这番豪言壮语的结果如何呢？如尼尔·阿姆斯特朗（Neil Armstrong）1969 年所言："这是一个人的一小步，却是人类的一大步。"

试一试

再看看前文描述的普通工薪阶层的一天。你的任务是像学校汇报成绩那样，为这种生活打分：

A——非常棒，这或许是最好的生活了。

72

B——不错，不完美但是接近完美。

C——一般，没什么特殊的感觉，不好不坏。

D——稍差，有提升的空间，但也不是很糟。

E——远低于平均，相当糟糕，几乎可怕。

F——非常糟糕。

你为这种生活打多少分呢？假设你给了一个C（一般，没什么特殊的感觉，不好不坏）。满足于平庸的人，追求的只是不好不坏的结果，于是得到的也不上不下。

> 如果你总在重复自己常做的那些事，你只会得到重复的结果。
>
> ——苏珊·杰弗里斯（Susan Jeffries）

行动起来，你将开启未知的新世界

还记得路易丝与蓝鲸的故事吗？有一点是肯定的——如果她始终与生活周旋，大概是没机会见到蓝鲸的。为了圆自己的蓝鲸梦，她得行动起来。有趣的是，开始尝试新事物总会带来意想不到的副产品。

见到了蓝鲸［她甚至为那只蓝鲸取了名字"埃里克"（Eric）］，

路易丝很受鼓舞，想着或许该开始完成清单上的另一个愿望——"找到另一半"。于是，她开始在网络上寻觅姻缘。一个月后，她第一次约会就遇到了她的丈夫。现在他们养了两条宠物金鱼，一条名叫"小气泡"，另一条叫"埃里克"。

当你开始尝试生活中的新事物，一扇扇门便向你敞开。这些门是你从不知晓，甚至从未想过去寻找的存在。这些门可能是现实层面的，例如，你作出改变，结识了新人，并意外地与他们成为朋友；也有可能是心理层面的，例如，你变得更自信，更愿意尝试新事物。这些门可能会也可能不会戏剧性地改变你的生活，但你会慢慢意识到，跳出日常的循环时，总有独特的新体验等着你去发现。生活因新的体验而变得更加丰富多彩——这一切都是因为你选择了更高远的目标。

万一失败了呢？

每当有人表达对失败的担心，并以此作为不设定高远目标的借口，我们便会与他分享开篇莱斯·布朗的哲言："如果瞄准月亮，即使失手，也会落在星辰之间。"我真正领悟到这句话的智 74
慧，是在某周的痛苦绝望之后。

在上一主题，我分享了自己跑伦敦马拉松的故事。尽管最后有惊无险，其间的过程却充满波折。

距离比赛只剩 6 天时，经过寒风中的几个月训练，我可怜的双手变得又干又痛。妈妈好心借给我一支护手霜，这是我之前送给她的生日礼物。我很享受护手霜涂在手上带来的舒爽感（礼物选得好！）。

可是第二天，当我从熟睡中醒来，赫然发现左手手背起了难看的红印。一想到这双手在冷天遭了不少罪，我又在起红印的地方奢侈地涂了一大块护手霜。

又过了几个小时，我意识到自己对护手霜产生了严重过敏。我们曾谈到"相信不可能"——我从没想过自己的手会肿成这样，跟拳击手套似的！红印变成了恶心的大块水泡。更雪上加霜的是（抱歉说了太多令人作呕的细节），我开始呕吐。每当我想吃点什么安抚自己翻腾的胃，它们就迫不及待地想要涌上来。进食已是想都别想的事，但是对于一个马上要跑马拉松的人，这样下去肯定是不行的。

75　　次日复诊，医生说过敏反应已经让我全身严重感染。她给我开了抗生素，告诉我如果 24 小时内还没止吐就必须住院。

让我退出马拉松的压力很大。每个人都在说，我现在的身体状况远不足以去跑马拉松。经过几个月全身心投入的训练，我对不得不退出的前景感到非常沮丧。我脑子里一直在想自己将是一个多么失败的人。所有人都知道我要去跑马拉松——姐姐甚至从美国专程飞来看我比赛。不仅如此，我还为公益机构筹集了2 500英镑的善款，现在却很有可能功败垂成。

我完全认同"瞄准月亮"和"走出舒适圈"的缺点。这确实会让你面临失败的可能性。当你把自己的目标与梦想讲给别人听，你就会感到巨大的压力，必不能辜负自己创造的期待。当你全身心地投入某件事，而且成功已近在咫尺时，从头再来的打击将是毁灭性的。你会觉得所有的努力都白费了。

看到自己的成功

那么，如果没去跑马拉松，是不是我所有的汗都白流了呢？

失落之时我没能看到，因为"瞄准月亮"，我早已取得远超我以往能力的成功。训练期间，我完成过一次20英里的比赛。这样看来，比起未曾尝试之时，我已经进步了19英里。直到此刻我才深刻地意识到，真正的失败在于不曾尝试。

最后，多亏抗生素发挥了作用，病好了大半，医生准许我参加向往已久的马拉松比赛。这次的经历给我上了宝贵的一课。布朗的话——"即使失手，也会落在星辰之间"是多么正确。

花几分钟时间回想：生活中有没有你非常想做却因过于具有挑战性而根本不敢尝试的事？

现在，请允许自己做做白日梦，想想你现在最想要什么？或者回忆一下，你有没有什么过去非常想做却至今未能完成的事？

一直以来是什么在阻碍你？

你是想倒在逐梦的路上，还是想止步于不曾尝试？

77

实用小贴士

- 定目标时大胆一些——不要害怕目标太高。

- 没有难度合适的挑战，就没有成功。

- 结果不代表一切——沿途也有成功。

重要知识点

折中的目标只会带来平庸，不如志存高远，取得与潜力相匹配的成就。

把不可能的事做到 65%，胜过将平凡的事做到 100%。

定下不可能的目标，即使只完成其中一部分，也会让你走上不同寻常的道路。

——丹·道奇（Dan Dodge），谷歌（Google）

9. 过渡步骤

I: Interim Steps

出人头地的秘诀在于起步。

起步的秘诀在于把庞大复杂的任务分解成易于管理的小任务，然后从第一项开始。

——马克·吐温（Mark Twain）

试一试 ··●

准备一张边长 20 厘米的正方形纸。你的任务是折一个如上图所示的盒子。

盒子折得如何？为什么折不出来？

折这个盒子或许看上去很复杂，但实际上只需要按一定顺序进行折叠。折盒子的秘诀正在于每次只专注于一个步骤，把复杂的整体拆分为一系列简单的小任务。

盒子象征着你的目标，它看上去非常复杂。为了实现目标，你必须把它分解成一系列可执行的步骤，并且知道完成的顺序。

制定行动计划

纽约大学（New York University）心理学教授彼得·戈尔维策（Peter Gollwitzer）发现，那些提前计划好达成目标的步骤（包括时间、地点、方式）的人更容易成功。他把这些计划称为"执行意向"（implementation intention）。戈尔维策教授的研究显示，有执行意向的人更容易实现他们的壮志雄心。

执行意向也能帮助你完成小目标。例如，已有研究显示，如果要求人们提前确定一天当中每顿饭具体吃些什么，他们的健康食品（水果蔬菜）摄入量很容易就能提高。现在你知道该怎么响应世界卫生组织"每天五份果蔬"的倡议了吧！

将目标分成小步骤的另一个理由在于，你会对完成目标更有信心。例如，"我明年想在 4 小时内跑完伦敦马拉松"听上去非常可怕，而去运动用品商店买双合适的跑鞋相对简单很多。

很久以前便有人使用过将目标分解成可执行步骤的方法。1972 年，马克·斯皮茨（Mark Spitz）在慕尼黑奥运会上夺得 7 枚游泳金牌，一举打破 7 项世界纪录。

17 岁小将约翰·内伯（John Naber）深受斯皮茨激励，立志夺得下届奥运会 100 米仰泳金牌。然而，他当时的个人最好成绩只有 59.5 秒，夺冠成绩则是 56.3 秒。

内伯意识到他需要做得更好，因此为自己定了 55.5 秒（注意，这是一个可测量的具体数值）的目标。若想达到这个成绩（这会是一项世界纪录），他就必须在接下来的 4 年内将自己的成绩提高 4 秒，也就是说，平均每年提高 1 秒。鉴于游泳运动员每年训练 10 个月，他又把目标分成每月十分之一秒。

内伯并未就此止步。他每周的训练时间是 6 天，因而目标变成每天三百分之一秒。更进一步，每天训练 4 小时，因此每小时只需要提高一千两百分之一秒。为了让这一数字更形象一些，你可以现在眨一下眼，眨眼的时间大约是一千两百分之五秒。现在，他的宏伟目标是不是听上去现实些了呢？

内伯最开始定的目标听上去几乎不可达成。然而，拆分成可量化的小步骤后，他有了达成的信心。

内伯制定执行意向的结果如何呢？他赢得了 100 米和 200 米

两个仰泳项目的金牌，一项打破世界纪录（成绩为 55.49 秒），另一项打破奥运会纪录。他实现了看上去不可能完成的任务，摘得了梦寐以求的奥运金牌。

相信自己的能力

这是心理学领域的另一项著名理论——**自我效能**（self-efficacy），1977 年由阿尔伯特·班杜拉（Albert Bandura）提出。自我效能指人在特定情境下对自己能否完成某项任务的主观判断。

"我是最棒的"，在还不知道自己最棒时，我就已经这么说了。

——穆罕默德·阿里（Muhammad Ali）

高自我效能的人更容易实现目标。相较而言，低自我效能的人可能会回避有挑战的任务，不相信自己能完成。

因此，把目标分成可执行的小步骤的另一个好处是，即使是那些低自我效能的人也可以顺利完成任务，积跬步以至千里，毕竟完成小任务并不那么艰巨。

试着制定你的个人执行意向。你可以这样做：

• 准备三叠不同颜色的便签，如黄色、绿色和橙色。

• 在绿色便签上写下你的大目标，尽量具体和可量化（如"我想自己开公司，3 年内至少赚得与现在的工作一样多"）。

• 在黄色便签上进行头脑风暴，尽可能列出实现目标所要做的所有事（如"给公司起名""购买网站""印制宣传单""准备名片""第一个客户""银行开户""购买专业责任险"等）。

• 现在，将黄色便签按主题分类。例如，把"购买网站""印制宣传单""准备名片"归在"营销"主题下。

84

• 接着，将便签依所需完成的时间顺序摆放好。这一步的目的是形成一条轴，从需要做的第一件事一直延伸到最后的绿色便签。

• 最后，根据你为最终目标设定的完成时间，用橙色便签为每个步骤添加截止时间，将预计完成的日期贴在每个步骤旁（如在第一步旁贴上"明天"）。

实用小贴士

• 看上去不可能完成的复杂目标可以拆分成小任务一步步完成。

• 让你的执行意向尽量具体和可量化。

• 相信自己有能力完成执行意向上的每一小步，你就能实现自己的终极目标。

重要知识点

为了实现目标，你需要拆分出实现目标所需的全部步骤，再把它们按顺序排列好，接着，从第一件事开始落实。

10. 试试看吧!

J: Just Have a Go!

没犯过错误的人通常也没成功过。

——爱德华·约翰·菲尔普斯(Edward John Phelps)

你可能认识这样一些人,他们满口理想抱负,却从未付诸任何行动。换句话说,他们总是在拖延。卡尔加里大学(University of Calgary)讲师皮尔斯·斯蒂尔(Piers Steel)将拖延定义为"故意拖延行动,尽管预见拖延会使情况更糟"。

也许你也正在拖延着什么想做的事。如果是这样,请继续阅读下去。

我们为什么会拖延?

许多心理学家,如佛罗里达大学(University of Florida)的芭芭拉·弗里茨(Barbara Fritz),一直对拖延的原因十分着迷。他们发现了导致拖延的两个关键原因。

一个原因是**害怕失败**——担心自己不能很好地完成任务，于是将它搁置一旁，转而去做更擅长的事（如看电视或踢足球）。

另一个原因是**任务厌恶**（task aversion），或者说得通俗些，我们之所以讨厌完成任务，是因为与更愉快的事情（如看电视或踢足球）相比，它是一种可怕的束缚。

为什么会害怕失败？

你有没有见过父母教孩子学走路？孩子迈出第一步就摔坐在地上时，他们是什么反应？爸爸妈妈会大吼大叫吗？当然不会——他们会欢欣庆祝！孩子刚刚走了一步！

那么是哪里出了问题？蹒跚学步时，我们即使失败也会受到表扬，每次尝试都会得到鼓励。长大成人后，我们却被要求"第一次就要做对"。从何时开始，我们对试错的态度发生了变化？

例如，工作中我们都逃避作汇报，害怕自己看上去很蠢，或者害怕作出错误决定，害怕犯错误。为了逃避惩罚，我们会拖延时间，祈祷有其他人站出来替我们完成。

然而实际情况是，没有婴儿在第一次尝试站起来后就能稳稳地行走 10 分钟，也没有哪个青少年第一次坐上驾驶座就能完美地行驶 100 千米。摔倒，停滞不前，都是学习的必经过程。

成功心理学的关键之一正在于你对失败的态度。一旦你认可"为了成功需要多尝试",接下来的关键步骤就是:

- 想办法将失败视作好结果。
- 将失败重新解读为"一次学习的机会"。

与其担心失败,不如担心不敢尝试而错失机会。

——哈维·麦基(Harvey Mackey)

为什么我们深受任务厌恶之苦?

相信很多人都有这样的感受——迫切想要保持身材,却没有足够的动力早起去健身房。

问题的核心在于我们把早起健身视作一件痛苦的事。当你需要在"早起,在上班前拖着疲惫的身躯去健身房"(天还没亮!)与"在温暖舒适的床上多睡一个小时"之间作选择时,答案不是显而易见吗?起床很痛苦,窝在柔软的被子里很享受。

采取行动与痛苦联系了起来,拖延则与快乐联系了起来,我 88 们当然会选择拖延。然而这样做会有什么后果呢?

我们的一位朋友贝姬（Becky），在与男友经历了9年的爱情长跑后终于订婚了。婚礼已全部筹划完毕，但有一天她突然说："我对他没有过去的感觉了。"接下来的一句话是："但我没有办法取消婚礼，这太困难了。"

不过贝姬很理智，更愿意从长远的角度看问题。取消婚礼确实非常可怕。坚持举行婚礼不必向她的伴侣以及伴侣的家人和所有熟人解释自己的感受，也不必面对已经花掉的那些钱，多少是一种轻松。不过贝姬知道，虽然取消婚礼对她来说是一件"做了会痛苦，不做会轻松"的事，但从长远考虑，"不做会痛苦，做了才轻松"是更明智的，这样能避免在不幸福的婚姻中被困数年。

因此，关键在于，你要做的这件事从长远来看是痛苦的还是享受的。回到锻炼的例子，如果你每天都拖延着不去锻炼，长此以往你将陷入更加痛苦的窘境。健康状况每况愈下，后果远比仅仅是从床上起来这种"短痛"严重得多。

89　克服任务厌恶

说服自己"出去锻炼是件快乐的事"很难。毕竟，瞧瞧那温暖柔软的被子——怎么可能不选它？

解决这一问题的最好方式是，选择一项你确实喜欢的运动，以及适合自己的运动时间。还记得"当下 vs. 未来"这一主题吗？这就是我们之前说的"既要享受终点，又要享受旅程"的原则。

不过有些事情没办法绕开——那些为达成目标而必须做的事。如果是这种情况，或许我们可以从哈佛大学积极心理学（Harvard's Positive Psychology）讲师肖恩·埃科尔（Shawn Achor）那里学到一些便捷的小技巧。

埃科尔谈到了"**活化能**"（activation energy）原则。在化学领域，活化能代表启动化学反应所需的相对较大的能量。反应一旦开始，维持反应所需的能量就会减少。想想飞向月球的火箭——为了克服重力需要消耗大量燃料，可一旦进入预定轨道，绕轨运行需要的能量远少于发射时的需求。

你可能会觉得锻炼很糟，可一旦开始锻炼，或许你会觉得它也挺有趣的。因此，埃科尔给拖延者的建议是，减少开启任务所需的活化能。

埃科尔描述了自己有多么想在一大早出去跑步，却发现这太困难了（谁又能责怪他呢！）。他的解决办法是：一连几周，穿着跑步时穿的短裤和 T 恤睡觉，把袜子和跑鞋摆在床边。他早晨只需要起床穿上鞋袜就能离开家——减少启动所需的能量。他很提

90

79

倡这种策略，认为这是克服拖延很有效的办法。而我们也能为他证明——这本书中的几个主题就是穿着运动服写完的。

最后，我们有时会发现自己花费太多时间去想自己有多么不想做那件事，但马上着手去办或许会更有效率。如果你发现自己在拖延，不妨问问自己："立马开工会不会更好？"

战胜拖延的最可靠方法就是立刻去做你逃避的事，让自己不必浪费时间去担心。

试一试 ....●

世上充满了空有理想抱负却从未付诸实践的人。你想成为其中之一吗？如果不想，现在就果断地迈出第一步，完成上一主题制定的行动计划的第一步。

问问自己："开启行动计划的第一步所要做的最重要的事是什么？"

为此你可以使用自己想要的任何方式——手机、网络、向他人咨询、找电话号码等，任何有效的方式。最重要的是，现在开始行动起来，让梦想成真。

不作尝试永远无法成功。试试看吧，结果可能令你大吃一惊。

随着年龄的增长，你会发现唯一令你后悔的事是那些没有做的事。

——扎卡里·斯科特（Zachary Scott）

实用小贴士

- 只停留于想法不能完成任何事，必须付诸行动。

- 拖延是因为害怕失败或在逃避任务。

- 克服对失败的恐惧——牢记：只有尝试，才能学习。

- 克服任务厌恶——牢记：拖延造成的痛苦将远超立刻行动带来的痛苦。

重要知识点

什么都不做最耽误你达成目标。因此，行动起来吧！无论何时，当你发现自己停滞不前，就赶紧行动起来！

11. 坚持不懈

K: Keep Going

摔倒七次，爬起来八次。

——日本谚语

硕果累累的发明家、灯泡的发明者托马斯·爱迪生，经常出现在各种鼓励坚持不懈的励志故事中。事实上，他为了发明灯泡，曾进行了一千多次尝试。爱迪生认为，即使失败也应坚持，因为只要成功一次，就能实现目标。

试想，如果爱迪生中途放弃了，我们的生活又会是怎样的呢？尤其是你现在可能正在灯下阅读这本书。

我没有失败过，只是发现了一千种行不通的方法。

——托马斯·爱迪生

爱迪生早年生活中的一些事情可能更为有趣。他4岁才开口说话，而且很小便有听力问题，最后双耳几乎失聪。因为天生相貌奇特，又患过猩红热，直到 7 岁才有学校肯接收他。即便如此，他也只接受了 3 个月的正规学校教育，之后教师就对多动的他失去了耐心。 94

爱迪生对一切都充满好奇，他用火做实验（烧了家里的谷仓）就证明了这一点。不过他将好奇心升华成了发明创造的灵感，而他的发明之路并非一帆风顺。他的第一项专利发明——电子计票器就是一个灾难，因没有需求而惨遭淘汰。年纪轻轻的他深陷债务，经常无钱果腹。1879 年，爱迪生又输给了亚历山大·格雷厄姆·贝尔（Alexander Graham Bell），贝尔拿到了电话的专利。

尽管挫折接二连三，爱迪生还是成了有史以来最伟大的发明家。他为什么能在失败中坚持下来呢？美国心理学会（American Psychological Association）前主席马丁·塞利格曼的早期研究揭示了一些人即使反复失败也不轻言放弃的原因。

在积极心理学建立前，塞利格曼曾和他的同事开展了一项厌恶研究，探究了电击对狗的行为的影响。

在实验的第一部分，狗被持续电击，无论做什么都无法摆脱。一段时间后，狗放弃了反抗，不再挣扎，开始变得被动，表 95

现出抑郁症状。

在实验的第二部分，这些狗继续受到电击，不同的是，这次它们只要跳过一个小障碍就能逃脱。然而，尽管能轻易摆脱痛苦，这些狗仍然只会像之前那样趴在地上呜咽——它们习得了无助。

不过，最初令塞利格曼困扰（也促成了一些有趣的心理学研究）的是，大约三分之一的狗始终未习得无助，仍在不断想办法逃脱电击。

狗从困境中恢复的能力是不同的，我们人类也是如此。

想一想 ....●

你的亲朋好友中，谁受挫时更容易心灰意冷？谁有很强的"恢复力"，面对困境时更具韧性？

96　　**失败的根源在哪儿？**

爱迪生拥有坚韧的品格，在他还是孩子时，他便表现出无条件地坚持。这种坚持很好地促进了他的发明事业。那么，是什么决定了我们会选择放弃还是坚持呢？心理学家认为，这与我们解释失败的方式有关。

例如，以芭比（Barbie）和辛迪（Cindy）为例，两人都在寻找自己的理想伴侣。她们受够了单身生活，开始在网络上寻找缘分。一连4周，她们都在同一个约会网站寻找合适的异性，也与一些人见过面。不幸的是，约会均以失败告终，谁也没有遇到对的人。

不过，当她们各自的前男友肯（Ken）和保罗（Paul）询问她们进展如何时，两位女孩给出了截然不同的回复。芭比承认自己还没有遇到合适的人，但表示要试试别的约会网站，因为之前的那家网站并不能帮她找到感兴趣的人。辛迪则将这次失败看成所有网络约会的代表，决定放弃，因为她觉得网络约会根本行不通。

在这个例子中，芭比将挫折看成暂时的。约会网站这次的确没帮上忙，但并不意味着其他网站不能帮她遇到合适的人。辛迪则将失败的约会看作所有网络约会的缩影，还未尝试其他网站就打消了念头。

放弃总是为时过早。

——诺曼·文森特·皮尔（Norman Vincent Peale）

可见，我们对事件的解读影响着我们对挫折的反应，而我们的解读又与个人的思维方式相关。

改变看待失败的方法之一是，加深对自身思维与行为方式的了解。如果你发现自己在失败时很容易放弃，问问自己为什么。试着找出导致自己选择放弃的观点——在辛迪的例子中是"网络约会没用"。

请牢记，观点只是观点，并不是事实。如果你不喜欢最终的结果，如没有在网络上遇到理想的伴侣，不妨质疑一下是否所有人都是如此，是否有他人已证明这种约会方式确实有效。试着去挑战消极观点的事实基础吧。

只要有强烈的愿望，就能坚持下去

在沃尔特（Walter）还是个孩子的时候，他对爸爸说想成为一名画家，但是用他自己的话说："我爸并不买账。"尽管如此，沃尔特还是坚持下来，并开始了自己的艺术家生涯，尝试制作漫画。遗憾的是，沃尔特的努力并未换来回报，在 23 岁时宣布破产。面对困境，沃尔特破釜沉舟，带着 40 多美金、一把画刷和一条裤子，踏上了前往好莱坞的旅程。沃尔特和他同样待业的兄弟罗伊（Roy）投身了商业，好在这次时来运转，事业有了转机。

两兄弟的第一桶金来自《幸运兔奥斯华》(*Oswald the Lucky*

Rabbit），但就在一切向着好的方向发展时，事态却急转直下。由于合同漏洞，他们将奥斯华的所有权和为其工作的画家拱手让给了动画的发行商。

经历了这次背叛，沃尔特依然坚定，与仅剩的一名忠诚的画家合作，以自己的一只宠物为原型创作了一部新的动画。米老鼠就此诞生，沃尔特·迪士尼（Walter Disney）自此开始了我们现在所熟知的迪士尼卡通人物的创作。

生命中的所有困境，所有麻烦与障碍，都使我强大……也许
当时意识不到，但挫折或许是世上最好的事。

——沃尔特·迪士尼

试一试 •• ●

回想某次你尝试做一件事却没有成功。

- 你认为那次失败的原因是什么？
- 如果让你再做一次，你会不会更加努力？
- 如果你没有再次尝试做这件事，原因又是什么？
- 要想成功，你需要作出哪些改变？
- 有没有其他取得成功的途径或方法？

实用小贴士

- 每一次的失败经历都是获取成功的另一条途径。

- 如果你真的渴求某件事物，你总能找到新办法，不断披荆斩棘。

重要知识点

你只是尚未成功，并不代表你不会成功。

12. 吸取教训

L: Learn

每次跌倒在地，总要捡起些什么。

——奥斯瓦尔德 • 埃弗里（Oswald Avery）

试想你刚刚为自己定下一个目标：学会玩杂耍。你急迫地想获得成功，不满足于只抛 2 个球。你打算抛 3 个球！你已经克服了掉球的恐惧（是的，一些人会僵在原地，为第一次尝试振作精神），也已经将目标细分为小步骤，甚至迈出了第一步——开始抛球。球会落到哪里呢？初次尝试就被完美地接住吗？我想可能不是！

在追求目标的过程中，类似的事会不断发生。当你尝试新事物，尤其是当这一新事物具有挑战性时，"球"总会"砰"的一声径直落在地上。你输了！你是失败者！

如果你曾观察成人学习杂耍的过程，他们行为背后的心理让人很是着迷。一些人看上去满是追求成功的干劲，不断坚持，另一些人则越来越沮丧。观察那些垂头丧气者时，他们一遍遍犯相同错误的样子着实好笑（这很残酷，却也是事实）。他们只会抱怨"自己不擅长杂耍"，以及"既然做不到，尝试又有什么意义呢"。

这类人的有趣之处在于，与其说他们不擅长杂耍，不如说他们不擅长从失败中学习。如果你继续以同样的方式一遍又一遍地扔球，它还是会像之前那样落在地上。不断尝试很重要，从错误中吸取教训也很重要。

所谓精神失常，即一遍遍重复相同的事却期待产生不同的结果。

——阿尔伯特·爱因斯坦（Albert Einstein）

可以让球不再掉到地上吗？

我们几乎都经历过这样的绝望时刻——按下屏幕上的"保存"键并意识到自己可能不小心覆盖了花费几小时制作的文档。所有的辛苦都白费了。崩溃！

撰写本书的某个主题时，我们非常成功地做到了这一点。有那么一瞬的冷静："我刚才不会点了保存吧？"随之而来的是令人崩溃的确认："嗯，你点了保存。"接下来便是惊慌失措地搜索，有时能找到之前自动备份的文档，从而松一口气，但我们没那么幸运。

无论是买一栋新房子还是写一本书，追逐目标时，失误在所难免。事情总会出岔子。无论你多么小心仔细，计划得多么周全，失败都无法避免。即便你已经非常小心，也还是会有无数的事情可能出错。因此，关键在于失误发生时你如何反应。下面的技巧能帮你吃一堑长一智。

1. 问问自己"什么是一线希望？"

人们常说黑暗中总有一丝光明。问问自己："这道光明在哪？"你肯定能找到答案。以"我不小心覆盖一部分内容"为例，答案就是"至少被覆盖的只是一部分，而不是整本书"。

虽然出了错，但这种消极的情况带来了非常积极的影响。我们立即把整本书备份到了一张存储卡中——这样一来，失去整本书的概率大大降低了。

2. 长远来看，失败会帮助你获得更好的结果

假设你的工作能力很强，需要更多的发展和成长空间。由于

公司内部没有机会，你打算去其他公司面试。唯一的问题是，自从你得到这份工作，你便再也没有参加过面试，对此很是生疏。

因此，首次参加完面试却没有进入第二轮时，你心中难免有些郁结。既然简历没问题，那么一定是面试时发生了什么。现在，与其将这次失败作为自己应该留在现公司和岗位的信号，不如从中吸取教训。你在回答问题时是否展示了自己的长处？对话是否积极？提问是否恰当？回答是否正确？根据你在面试中得到的信息，这家公司适合你吗？如果适合，理由是什么？

这些问题的答案会提高你的面试技巧，帮助你在面试中脱颖而出，并确保公司的需求与你的技能相匹配。

3. 问问自己"我想要什么"，而不是"我有什么"

当失败发生，沉浸在失败带来的负面情绪中非常诱人。坦白而言，我们不得不承认的是，抱怨现状并得到亲朋好友的安慰，确实是一种相当好的情绪宣泄。

然而，重要的是要意识到，这样做并不会为你带来好处。与其把时间花在抱怨或胡思乱想上，不如花在努力改变现状上。专注于你想的，而不是你已拥有的，会让你更进一步。

4. 记住，你的未来有无限可能

当你还是个婴儿时，你不会走路，更不会阅读。当你还是个孩子时，你开始渴望开车，而当你第一次开车时，我敢打赌你肯定还没准备好参加 F1 方程式。你第一次参加工作时，肯定还没掌握现在的知识和技能。你的才华、能力，甚至智慧都不是一成不变的。它们会随着时间增长，并且会一直增长下去。

5. 记住，你是在尝试中学习的

你可能会赞同，同样的工作，第二次做的时候比初次尝试时快得多。这是因为你的大脑已经对如何完成这项工作做了大量学习与思考。这就好比尽管重写某个主题会占用更多的时间，但也给了你写得更好的机会。

试一试 ···●

回想你某次未能达成目标的经历：

• 这段经历中有什么积极的方面？

• 它如何帮助你理解怎样更好地达成目标？

• 比起当时的结局，你原本的目标是什么？

• 这个结局提示你在哪些方面还有待提高？

• 倘若再尝试一次，之前的哪些教训能帮你完成得更好？

请写下每个问题的答案。

107　你只需要与松鼠一样聪明

在本主题的最后，你或许能从一只小小的松鼠身上得到灵感，它出现在啤酒的电视广告中。伴着《碟中谍》(*Mission Impossible*)的经典旋律，我们的松鼠朋友在困难重重的障碍赛道上奋力前行，甚至精准地跨越数十厘米的间隙。这只松鼠不可能首次尝试就不出任何差错地完美通关。实际上，摄制组一连待了几天，等候松鼠攻克所有难题。因此请记住，为了那些坚果，一切努力都是值得的。

实用小贴士

• 犯错后一定要吸取教训，而且更重要的是，采取行动弥补不足。

• 从长远来看，失败会让你更加成功，因为你会变得更加专注。你也能从失败中学到宝贵一课，避免再犯同样的错误。

• 出差错时，思考如何更好地利用宝贵的时间和精力实现所要达成的目标才是关键。

• 在某件事上失败，可能意味着我们缺乏相应的能力，因此请继续提升自己。

• 即使失败了，你的努力也并非全部白费。你在尝试的过程中收获了经验，离成功更近了一步。

重要知识点

人无完人，每个人都会失误和失败。要想取得成功，你必须接受失败的现实，然后从中吸取教训。

13. 模仿榜样

M: Modelling

成功有迹可循。

——安东尼·罗宾斯（Anthony Robbins）

在前一主题中，我们探讨了为取得成功，失败有时是必要的。人要在失败中学习，但倘若存在一条学习做事的捷径，岂不是更好？确实有这种捷径，它叫"**模仿**"（modelling）。模仿并不是指你要穿上泳装在 T 台走秀（除非你真想这么做！），模仿的意思是向榜样学习。

谈到成功，我们都有很多能脱口而出的现成例子。从运动员到企业家，从政治人物到电影明星，甚至是亲朋好友，我们身边早就有人达成过与我们相同的目标。

好消息是，正是由于存在这些成功案例，你离成功又近了一步。为什么？因为无论你的目标是什么，别人很有可能花费时间作过大量尝试和努力，已分辨出有用和无用之物（从失误中学习）。他们现在已经实现了自己追求的目标，有资格证明哪些做 法是对的。最棒的是，人们通常很乐意将自己的智慧传授给那些与他们有相同梦想的人。

"向他人学习"这一现象，自人类诞生于地球起就已存在。在心理学领域，班杜拉的观点及其 20 世纪 70 年代开展的一系列实验，使"如何向他人学习"成为一个热门话题。

在一项奠定班杜拉社会学习理论根基的实验中，他将一所幼儿园的孩子分成几组。每个孩子独自进入游戏室。游戏室的地上摆放着许多玩具和一个充气波波人偶，即一个看起来很开心的小丑。每次实验中都会有一位成人走进游戏室，在孩子的注视下自己玩一分钟玩具。在接下来的时间里，成人要么温柔地注视波波，要么拿起玩具猛烈捶打这个小丑。

现在，成人离开了房间，所有目光都集中在孩子的表现上。那些观察到成人温柔对待小丑的孩子，随后也对小丑同样友爱。那些看到成人粗鲁对待小丑的孩子则不同，他们和玩具玩得还不错，但只把它们当作武器，用自己的方式对可怜的波波人偶大打出手。实际上，这组孩子在折磨波波人偶上比成人更有创意， 用上了他没用到的玩具，把波波人偶按在地上用玩具锤子狠狠捶打。

实验的关键结论在于，正是由于孩子观察并学习到了可能发生的行为，才意识到自己也可以这么做。每组孩子，无论是温柔还是粗鲁对待波波人偶，其本身都具有表现这两种行为的能力。他们的选择反映了榜样的力量。

同样，你也拥有实现目标所需的能力和资源。找到一个正确的榜样，切实向榜样学习，这对你实现自己的目标大有裨益。

试一试 ···●

花几分钟时间想想你的家人、朋友和熟人，谁是以下各项的榜样？

- 身体健康。
- 冒险精神。
- 慷慨／无私／善良。
- 智慧。
- 开明。
- 爱情。
- 勇敢。
- 宽容。

他们的哪些行为和态度值得你学习？

我们生来具有向他人学习的神经基础

20 世纪 90 年代初，意大利科学家贾科莫·里佐拉蒂（Giacomo Rizzolatti）及其同事在研究猕猴的脑电活动时有了一个有趣的发现。

最初的实验目标是观察猕猴做不同动作（如抓花生和剥壳）时的大脑活动。他们在猕猴的脑部固定了许多电极，观察猕猴的动作和相应的脑电活动。

他们期待在猴子做动作时发现脑电活动。可出乎意料的是，猕猴的大脑出现了抓花生时的电活动，但猕猴实际上坐在那里一动不动。

困惑的科学家们突然意识到，猕猴的神经元在看到一位研究员拿食物时被激活了。无论是自己做动作，还是看到别人做动作，猕猴的神经元都会被激活。镜像神经元（mirror neurons）就这样被发现了。那么镜像神经元究竟是什么呢？

神经元是在身体中传导信号、控制躯体活动的细胞，协助身体的决策部分（大脑）与负责行动的部分（如手指）进行沟通。如果我告诉你把这本书放下再拿起，你的大脑会处理这一信息，然后通过神经元向手部肌肉传递冲动，令你执行动作。这些神经冲动可以被测量，也就是意大利科学家们在吃花生的猕猴身上观测的内容。

镜像神经元是一种特殊的神经细胞，不会在你做动作时激活，而会在你看到别人的动作时激活。猕猴的镜像神经元正是在它看到研究员拿食物时得到了激活。由于存在镜像神经元，你向婴儿微笑时，他才会向你微笑。足球迷观看电视比赛时，看到场上球员准备头球攻门，也会跟着做出顶球的动作，同样出于这一原因。

通过模仿榜样收获成功

1984 年，怀亚特·伍德斯莫尔（Wyatt Woodsmall）博士和一队教练员受美国陆军邀请，在士兵中试行一项新的射击训练。陆军目前的训练计划为期 4 天，合格率为 70%。伍德斯莫尔博士的任务是更高效地提高士兵的射击技能。

伍德斯莫尔团队开始了解不同的射击姿势，研究全美最佳射手们正在使用的瞄准技巧。这些神枪手经历了成千上万次的射击，他们不断调整自己的射击技巧，锤炼自己的射击技能，直到自己成为这一领域的佼佼者。对他们进行测试，可以发现哪些因素有利于枪手发挥出最佳水平，哪些因素会降低他们的水准。他们的射击技巧被总结运用到了新的射击训练项目上。

新的训练项目准备完毕后，一群士兵被分成两组。第一组接受标准训练计划，另一组接受新训练计划。新训练计划是以专家们使用的技术为模型，专家们已通过试错学习了这些技术。

想要获得射手评级，士兵需要在45次射击中命中30次。第一组士兵在接受27小时的传统训练后，只有略高于70%的士兵通过了测试，获得"二等射手"评级。

第二组士兵由伍德斯莫尔团队训练，训练周期仅为12小时。结果如何呢？100%的士兵通过了考核，获得"二等射手"评级——太棒了！在不到一半的时间内，这些新手就可以凭借经全美神枪手们测试和检验的技术取得更好的成绩。实际上，该组25%的射击新手士兵，在仅接受12小时的训练后，就已超过"二等射手"水平，获评"专家射手"。

试一试 ....● 115

在自己的社交圈中选一位朋友，也可以是某个熟人，询问能不能在一旁观察他们在特定情境下的行为来向他们学习。你会惊讶于人们此时多么乐于助人——毕竟被请教是件受宠若惊的事。

作为上面一段话的例子，我们的朋友利兹（Liz）在过去的 6 个月中难以置信地减去了 41 千克，衣服尺码从 20 号减小到 12 号。她太喜欢与别人分享自己的成功经验了。她减肥的秘诀就是——高蛋白饮食，每周去 6 次健身房，进行两次 1 小时的重量训练，并在跑步机上跑 4 次 5 千米。

更有趣的是，这为利兹带来了心理上的鼓励。她表示，一开始非常难，但在逐渐看到效果后，她开始喜欢上这项挑战。除了模仿他人的技巧和策略，你还可以模仿他人的信念。利兹证明了一点，减肥可以既成功又享受！利兹现在只需要维持体重，但她还是每周去 4 次健身房。

如果你获得了期待的结果，恭喜你，模仿非常成功。如果失败了，也不要担心，你正在学习如何更好地完成一件从未做过的事，熟能生巧。记得为付出的努力给自己一点奖励，不论回报有多小。

你需要确保在观察中掌握的是正确的"配方"（包括操作步骤、动作和行为）。因此，在开始独立行动前，记得向你的榜样确认并寻求进一步的澄清与指导，直至达成目标。

116

实用小贴士

• 他人的成功是你无价的资源——他们可能已具备你实现目标所需要的能力。

• 通过模仿他人的成功模式，你可以创造自己的成功秘诀。

• 榜样的选择非常重要，因为你会相信他们能做到的事你也能做到。

重要知识点

通过模仿同一领域成功前辈的能力和技巧，我们可以提升自身实现目标的能力。

14. 量化
N: Numbers

你需要知道自己身处何地，去往何方，否则会止步不前。

数字让一切都变得清晰明了。

——苏比尔·乔杜里（Subir Chowdhury）

20 世纪 70 年代，美国某片森林深处，心理学家加里·莱瑟姆在观察两队辛勤工作的伐木工。他正在研究影响伐木工工作效率的因素。

两队伐木工的工作条件基本一致，只有一项关键因素存在差异。第一队伐木工仅被告知要尽其所能，尽可能多地伐树。与此相反，第二队则被教授如何计算他们理论上的最大伐木数，并在腰间佩戴一个计数器，以便监测伐木的进度。

在 12 周的砍伐和计数之后，"设定目标"组的伐木数明显高于"尽其所能"组。

目标设定专家莱瑟姆及其同事洛克依据这一研究和其他相关

研究得出结论：通过定期评估获得对目标进度的反馈，是推动目标实现进程的有效手段。我们已在主题"目标"中讨论设定目标的作用时谈及这一点。不过，由于这个概念非常重要，我们需要在此进行更细致的说明。

为什么进度反馈能提高成功的可能性呢？原因有很多，以下是其中几条：

1. 朝向目标前进所带来的美妙感受再怎么强调都不为过。它让你充满斗志，不断前进，甚至会让你更加努力，因为努力正在得到回报。

2. 如果评估进度后你发现自己偏离了轨道，你可以调整策略，找到更有效的方法。越早了解有用和无用之物越好。评估越多，收获越多。

3. 很多人喜欢玩游戏。设定有挑战性的小目标并追踪进度，可以从心理上将枯燥的工作变成刺激的挑战，甚至会令你沉迷其中。突然间，你不再害怕每周的进度检查，反而开始期待见证自己已取得的进步。

应该测量哪些指标？

假设你从上一主题利兹的故事中受到启发，打算通过健身减肥。有许多你可以测量的方面，例如，现在的体重（与目标体重相比）。体重是衡量减肥成效的总指标，非常重要。

• 每周减掉多少体重。这是个很实用的指标，它能监控你朝最终目标迈进的进程。

• 你的身材，如腰围、臀围和大腿围。你的体重可能没有减少，但你的肌肉可能在增加，这意味着你的体态正在改善，同样意味着你在变瘦。

• 每周锻炼时长，如记录"本周做了 4 次 45 分钟的运动"。

最后一项数据其实更重要。它测量的不是你的实际目标（体重），而是理论上对达成目标有帮助的行为。这就是**领先指标**（leading indicator）。领先指标指通过采取某种措施，你会朝实际目标迈进。

领先指标很有用，因为它直接受你控制。你很难控制自己是否真的减掉 1 千克［这是一项典型的**滞后指标**（lagging indicator），只会在特定时间段结束后给你反馈］，但控制自己每周去健身房的次数和每次的锻炼时长相当容易。

领先指标是一种有效的工具，因为它可以帮助你准确了解哪些因素在起作用。你对自己的行为了解得越多，记录得越详细，就越能掌握哪些成分对最终的成功有帮助。

举个例子，如果你每周都在健身房称体重，记录自己做的运动类型、强度和持续时间。一段时间后，你就能知道哪种运动类型最有成效。你可能会发现，同样的时间，花在跑步机上比用在动感单车上更好。利用这些结果，你就能更好地安排时间和运动类型，更高效地减肥。

当然，测量滞后指标也很重要。追踪自己的努力，每运动半小时就在精美的小表格中给一个小格子涂上颜色，当格子都被填满时，你会为自己感到骄傲。但是，如果在滞后指标上你一点儿都没瘦，那这也是没有意义的。

试一试 ••• ●

有了自己的目标，下面的步骤能帮助你设定相应的领先指标和滞后指标：

- 成功的总目标是什么？（如写一本 40 000 字的书）

- 完成目标的期限是多久？（如 2 个月内）

- 为按时完成总目标，每天 / 周 / 月需要达成什么目标？（如每周写 5 000 字。）

- 头脑风暴，尽可能思考出完成你的小目标的方法（如每晚写作 1 小时等）。

• 审视你想到的所有方法，从中选出你认为最有效的那个，它就是你的"目标导向行为"。

成功的关键就在于测量目标导向行为（领先指标）。选择了正确的策略，时间久了你就能看到自己在实现总目标方面的进步。

没有测评就没有管理

2008 年，《美国预防医学杂志》（*American Journal of Preventative Medicine*）上发表了凯撒医疗保健研究中心（Kaiser Permanente Centre for Health Research）的一项成果。研究者对 1 685 名超重和肥胖成人开展的研究显示，5 个月后，每人的体重平均减少近 6 千克。

震撼的是，那些不记录自己饮食的人的体重平均减少约 4 千克，而每周坚持 6 天以上记录自己饮食的人，其体重在相同时间内平均减少约 8 千克。

饮食日记之所以有效，是因为它能帮助你识别成功或失败的饮食模式，帮助你调整自己的目标导向行为。不过，像撰写瘦身日记这样记录影响目标实现的因素，还有另外一项重要优点，那就是作记录会影响你的心理。

试想，如果你必须记下今天上班时多吃了一个甜甜圈，在吃之前你就要三思了。俗话说，"有评估才有执行"。在这种情况下，测评会阻止可能导致失败的行为，促进有益于你取得成功的行为。

不仅要定指标，还要选择正确的指标

销售人员的收入都建立在销售额上。一些销售人员会用数字123来帮助自己，他们会记录通讯录（相当于现在的智能手机）里客户的数量，一周开了多少会，打了多少电话。

听上去都很合理吧？他们很善于使用领先指标（每周开会的数量），也关注滞后指标（销售额），但他们使用的指标合适吗？

一位销售人员打算采用不同的领先指标。他叫乔·吉拉德（Joe Girard），是密歇根州雪佛兰汽车的销售员。他的销售哲学是："销售额直接受你培养和建立关系的能力影响。"因此，为培养与潜在客户的关系，他为每个客户送去了私人定制的贺卡。

他一个月送出了 14 000 张贺卡。对此，他认为"每张贺卡都价值连城"。为什么这么说呢？因为通过寄贺卡，他一年卖出了 1 400 多辆车，相当于每天卖出近 4 辆车。这是一个惊人的数字。事实上，吉拉德招揽客户的手段非常成功。客户主动上门，

109

主动联系他。

吉拉德的成功在于没有设定"打了多少电话""开了多少会"
这类常规指标，而是将指标定为发出的贺卡数量。他被吉尼斯世

界纪录认定为世界上最伟大的推销员，而这要归功于他使用了一
种可量化衡量的方法。他相信这种方法会奏效，并且在测试时取
得了良好的效果。

实用小贴士

- 设定领先指标会使你更有可能和能力完成目标。

- 如果领先指标与滞后指标不同步，那么你可能需要改变
策略。

- 记录你付出的努力和努力的方式，数据会告诉你这是不
是最佳模式。

重要知识点

设置通往目标的可测量步骤会帮助你取得成功。

15. 机遇

O: Opportunities

定期监督目标实现进度还有另外一项好处，那就是让你时时将目标铭记脑中，而不是抛诸脑后。

1999 年，哈佛大学研究员查布里斯（Chabris）和西蒙斯（Simons）要求被试观看一段 6 人打篮球的影片。视频中，三人身着白色球衣，三人身着黑色球衣。研究要求被试默数球在白衣球员间传了几次。

如果你看过这个著名的片段，你会在视频结尾回答道："一共传了 15 次，这很简单。"

但事情可能没有你想象得这么简单。

尽管可能令人难以置信，但查布里斯和西蒙斯发现，近一半的被试没有看见打扮成毛茸茸的大猩猩的工作人员走到画面的中 央，捶打胸脯，然后转身离开。

这项研究表明，即使我们正在观察，也会遗漏周围的大量信息。本主题后续部分会进一步说明为什么"发现大猩猩"会是成功的关键，但现在我们不妨先试试下面的选择性注意实验。

试一试 ••• ●

非常重要的一点是，实验过程中千万不要作弊，不然你就会错失一生只能体验一次的宝贵经历（虽然你还可以在朋友身上做同样的试验）。

准备一张纸和一支笔，在纸上画如下两个圆形。

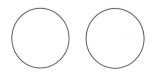

在一个圆中，画出一元硬币（或者你所在国家货币中的小面额硬币）的正面，在另一个圆中画反面。不要看真的硬币，画得越精确越好。

画完之后，与真实的硬币进行比较。你能在多大程度上重现这枚硬币？现在想想你每周要用到多少次硬币。你每天可能都要多次使用硬币，但你真的知道一元硬币长什么样吗？

127　　选择性注意

如果你没能准确画出硬币的正反面，不要惊讶，肯定不止你一人如此。在数百人中实施过这个实验后，我们发现，大多数人画得都不是很好，没有一个人能记住硬币的所有细节。

为什么我们记不住每天都在使用的硬币的细节呢？虽然我们经常接触硬币，但是许多人根本回忆不起它的字样和花纹。

除非有重要的理由，否则大脑会认为硬币上的细节是不重要的。在日常生活中，你只需要知道硬币的大小、形状、重量和颜色。因此，即便你的口袋里或钱包中现在就有一枚硬币，由于选择性注意，你由始至终忽略了它的细节。

我们之所以会有这种选择性注意，是因为我们每时每刻都通过五感接收大量信息。例如，你现在能否：

- 尝到舌尖的味道？

- 闻到什么气味？

- 感觉双腿与座椅的接触？

- 听到房间里微弱的背景噪声？ 128

- 余光瞥见房间里的东西？

在注意到它们之前，你可能没有意识到这些事物的存在。但我敢打赌，你现在一定开始不自觉地注意到它们了。试想，所有的信息都在持续轰炸我们的感官，我们不可能有意识地知觉到如此多的信息。因此，只有一小部分信息能够通过潜意识的壁垒，那就是大脑认为重要的信息。

通过设定目标来集中注意

选择性注意与成功有什么关系？当你定下一个目标，你的大脑就知道关于这一目标的所有信息都是重要的。接着，大脑就会将所有相关信息带入有意注意的加工范围。同样，定期监控进度也能时时提醒你，投入有意注意是值得的。

最终的影响如何？

突然间，你像是来到了新世界，开始能察觉到那些有益于自身目标的机遇。这些机遇一直存在，只是你之前从未注意到。第二次看大猩猩的影片时，大脑就会知道一边寻找大猩猩，一边数传球的次数，你也就不会漏掉它了。你会纳闷自己之前怎么会没有注意到它。

某一天，我（艾莉森）正走在前往车站的路上，盘算着即将到来的婚礼，想象那天该是多么阳光明媚。这一刻，我脑中浮现出一个问题："一年之中哪一天的天气最好，最适合结婚呢？"

我到了火车站，赶赴伦敦，下车后步行走向地铁站。我坐在站台上，想着马上要开的会议时，一行字吸引了我的注意。我简

129

直不敢相信自己的眼睛。我的眼前赫然写着："6月23日是英国天气最好的一天。"在几个小时内，我不费任何力气地找到了问题的答案。这句话是一家全国性报纸的广告"你所不知道的十项事实"中的一条，这十项冷知识还包括世界上最大冰雹的大小。

此处的关键在于，我并没有注意到广告中的其他数字，也没有注意到车站的其他广告。我只看到了它，因为它与我正在思考的事情有关。

更重要的是，我们身边无时无刻不存在着机遇——毛茸茸的 130 大猩猩般的机遇——那些与我们有关但从未被注意到的机遇。换言之，只有设定好目标，将这些信息送入你的选择性注意领域，你才能看到那只"大猩猩"。

假设你为自己设定了学习法语的目标。你会忽然间发现，与学习法语有关的事情总会跳到眼前。翻翻报纸，看到一则法语课的广告。调收音机，收听到法国电台。朋友提到他有位法国朋友刚好来到你所在的小镇。世界并不是像变魔术一样涌现出学法语的机会——不过是你从前没有注意到，因为大脑没有帮你注意这些信息。

定期回顾目标实现进度会持续地提醒大脑搜寻相关信息。在熙熙攘攘的生活中，大脑有太多的东西可以关注，因此，你要向它伸出援手，温柔地提醒它你的目标很重要。

友情提醒，下面的练习可能会让你抓狂！

选一项你能在周围环境中遇到但又不常注意的事物，如某个特定品牌的车。

告诉大脑开始注意你所选的这项事物。

不知不觉中，你会发现身边充满了奥迪、宝马、梅赛德斯-奔驰。虽然它们一直在那里，但你之前从未注意到。

你可以使用选择性注意来提升自己的优势——告诉朋友你的目标是什么，这样也会激活他们的大脑，帮助你寻找达成目标的机遇。两个拥有选择性注意的大脑怎么也比一个强。

实用小贴士

- 熟悉不代表了解。

- 帮助大脑进入状态，有意识地注意到你在寻找的东西。

- 定期回顾目标可以帮助你提醒大脑不断寻找平时被忽略的机遇。

重要知识点

看不等于看见——用设定目标的方式将你的注意集中起来，可以帮助你发现新的机遇，实现梦想。

16. 准备
P: Preparation

万事开头难，做好准备是成功的第一步。

———亚历山大·格雷厄姆·贝尔

如果你曾试着做过一些有野心的事，如白手起家，你或许对那种必须尽快取得成效的压力深有体会。

人们好意关心："事情进展得如何？"然而没人愿意承认，"我们没日没夜地奋斗，收入却不及从前工作的十分之一"。压力还不仅仅在于要向外界证明自己。出于自尊，我们要向自己证明逐梦的决定是正确的，已经付出的努力没有白费。

如果你不够幸运，无法一夜之间梦想成真（说实话我们大多数人都是如此），请看看大自然教给我们的关于厚积薄发的宝贵一课——竹子的故事。

竹子在播种、浇水、施肥的前 4 年都见不到明显生长。然而到了第 5 年，它能在 6 周内长到 25 米多。

竹子是空等了 4 年才开始生长吗？显然不是。尽管无法从地面上观察到，但竹子的根系在前 4 年的时间里茁壮生长，为最后的迅速成长扎稳了根基。

想一想 ....●

回想你是否曾遭遇人生中的瓶颈，一切停滞不前，却忽然柳暗花明又一村。

你播下了什么需要静待其成长的种子？

你从这段经历中学到了什么？

成功有时会在最意想不到的时刻发生。你可能刚刚下定决心就迈入泥潭。然后突然间，由于你曾经的坚持，一个机会出现在眼前，而你已经作好抓住这个机会的准备。

我们想向你传达一条充满希望的信息：努力不会白费。如果你一直在为自己的目标付出努力却不见任何进展，你可能会心灰意冷，为一切感到不值，但是请记住，你的努力终究会收到回报。即便是在你感到前途暗淡、困惑迷茫的时刻，你的付出也会留下痕迹，播下成功的种子。只要遇到适宜的环境，它们便会发芽。 135

九层之台始于垒土

很多人都有一个梦想，那就是建一栋属于自己的房子。有关这一主题的电视节目经常以挖掘机进场打地基为开头。业主通常会抱怨地基打得太慢，花了大量时间和金钱，工程却不见起色，很是令人沮丧。

然而，这类节目也只展示了建房过程的冰山一角。远在动工之前，人们可能就已准备了若干年。从房屋选址到取得规划许可，从协商建筑设计、调查建材到聘请可靠的建筑师，有太多准备工作需要完成。

要建造一栋完美的房子，以上步骤缺一不可。与竹子一样，建造地基前可能已经花费了4年，但是在第5年，整栋房子立刻拔地而起。准备造就成功。经历最初的准备阶段后，房子很快就建好了，之前的所有努力转化为成果，呈现在眼前。

珠穆朗玛峰最年轻的澳大利亚征服者

那么，在成功前你需要作好哪些准备呢？雷克斯·彭伯顿（Rex Pemberton）的故事或许能带给我们一些启示。诚如彭伯顿所说：

成功的路上没有捷径。

彭伯顿 21 岁登上珠穆朗玛峰，见证了朋友埃德（Ed）将父亲的骨灰撒在世界之巅。登上珠穆朗玛峰只用了一小步，但登顶之旅很早便已开始。

11 年前，10 岁的彭伯顿就拥有攀登珠穆朗玛峰的梦想。他为实现梦想作了以下准备：

知识扩充：了解攀登珠穆朗玛峰需要取得哪些许可，天气状况对登顶有何影响。

后勤准备：争取 10 万美元的赞助，用于交通、各类许可、夏尔巴人向导、装备和饮食等开支。同时，要收集行程所需的基本装备，并学会安全使用。

技能拓展：攀登其他常规高海拔山脉，积累经验，包括如何征服山脉和陡崖、如何完成夜间攀登等。

体能锻炼：接受高强度体能训练，如身背满载的登山包户外徒步，拖着大橡胶轮胎在沙地上行走，锻炼自己的力量和耐力。

心理建设：同样重要的是，他不仅为登顶作好了心理准备，也为同样危险的下山过程作好了心理准备。

没有这些基础工作，彭伯顿的梦想绝不可能实现。这很好地说明了全面准备的重要性。如果你还未取得成功，不妨检查一下自己是否还没学会走路便想着奔跑。

试一试 ●

为实现梦想，你需要作哪些准备？按照下面的标题逐一思考：

- 知识扩充。

- 后勤准备。

- 技能拓展。

- 体能煅炼。

- 心理建设。

除了列出每个标题下你需要完成的事，再想想可以利用哪些资源或经验。

准备不足的风险

在视频网站搜索"苏珊·博伊尔"（Susan Boyle），她在电视选秀节目《英国达人秀》（*British Got Talent*）中演绎的《悲惨世界》中的《我有一个梦想》（*I Dreamed a Dream*），一定会让你听得汗毛竖起。

博伊尔一夜成名。她在一周之内，从一个在酒吧和俱乐部表演的不起眼的歌手，一跃成为全国明星。这很大程度上归功于她的演唱视频一周内点击数超过 6 600 万次，创造了新的纪录。

然而不幸的是，在取得《英国达人秀》亚军的次日，她被送入当地知名心理医疗机构——修道院医院。对于受到巨大关注，成为媒体的焦点，博伊尔完全没有心理准备。

博伊尔在演唱技巧上的造诣很深。她受过声乐训练，曾在爱丁堡演艺学校（Edinburgh Acting School）学习，甚至发行过 1 000 张公益唱片。但是，尽管她拥有动人的歌声，在爱丁堡边缘艺术节登台表演过，也在小酒馆或教堂演唱过，她对成为轰动一时的名人依然毫无心理准备。

好在她足够坚强，挺过了这一切，并成功发行自己的首张专辑。这张专辑很快便席卷全球，夺得销量冠军。她也被吉尼斯世界纪录认定为英国首张专辑销售最快的女艺人，英国首张专辑首周发行最成功的女艺人，以及英国最年长的首张专辑销量冠军。

139

实用小贴士

· 你的努力可能无法即时见效，但只要你坚持不懈培育自己的梦想，它终会开花结果。

· 一夜成名难长久，厚积薄发方能水到渠成。

· 成功前的准备有许多方面，准备得越周全，离成功就越近。

重要知识点

成功的基础在于你投入的准备。

17. 快速制胜
Q: Quick Wins

> 小胜，速胜，常胜。
>
> ——加里·哈梅尔（Gary Hamel）

如果你发现自己正因成功前的漫长沉寂而气馁，如果你想保持充沛的激情，或许你需要了解一下脑内一种叫作"多巴胺"（dopamine）的小分子。那么什么是多巴胺呢？我养金鱼的经历或许能很好地说明。

我养了两条宠物金鱼。养过金鱼的人都知道，它们很快就会长得非常大，以至于原先的"家"快要装不下它俩。于是有一天，"买个新鱼缸"的想法冒了出来。而此时，我们谁都没有料到市场上有如此多的产品可供选择。

此时多巴胺就开始发挥作用。当你在互联网和宠物店浏览不同产品时，每看见一件产品，你的大脑就会持续释放少量多巴胺。有时多巴胺飙升的幅度格外大。这是因为多巴胺的释放水平

反映着每件产品带给你的"预期愉悦"（expected pleasure）。预

期愉悦越强，多巴胺释放量越大。当你发现真正符合需求的产品
时，多巴胺就会大量分泌。

看到一款叫"BiOrb 生活"的鱼缸时，我们对它一见钟
情——非常想买下来。它摆在厨房会很别致（这款鱼缸有着优雅
的蓝色灯光），而且它最大的优势是可以完全实现自我清洁。天
呐，主人和金鱼的福音！

可见，多巴胺参与了我们的决策过程。然而，故事到这里还
没结束。

你可能有过这样的体验——不经意间发现的某件商品吸引了
你的眼球，接下来的几天，你对它的渴求变得越发迫切。你无时
无刻不在想着它，你做的每件事都好像在提醒你赶快把它买下
来，不买不罢休。虽然我们也不愿意承认，但这就是我们打算购
买"BiOrb 生活"鱼缸时的感受。一想到再也不用清理鱼缸，多
巴胺就开始大量分泌。这种强效的化学物质不停地分泌，以至于
我们的注意很难从买鱼缸上移开。

不要低估多巴胺的力量。如果你去过拉斯维加斯，曾在早餐
路上又遇到昨天晚餐时就坐在同一台老虎机上的人——那就是多

巴胺的效果。一旦在老虎机上赢了一大票，多巴胺就会大量分

泌。一旦大脑意识到可以从这项活动中获得乐趣，多巴胺就会使你全神贯注于投注，希望再赢一次更大的。而不幸的是，笑到最后的总是赌场！

仅仅 4 天，我们便投降，买下了心仪"已久"的鱼缸（尽管远超预算）。打开包装那一刻，一切都是值得的。此时多巴胺第三次也是最后一次发挥作用——目标完成那一刻的喜悦。

想一想 ....●

回想自己的一次购物经历，你正在浏览一系列令人目不暇接的商品，终于某件商品触动了你的多巴胺——"我一定要把它买下来"的感觉。对它的渴望如何驱动你接下来的行为？最终买到这件商品时你感受如何？

当多巴胺停止分泌

关于多巴胺，最有趣的事情之一在于它在享乐主义适应中扮演的角色。我们在第二个主题中已介绍过"享乐主义适应"定律。

打开鱼缸的包装时，我们感受到一股强烈的兴奋与喜悦。不过，多巴胺的另一奇妙之处在于，如果大脑判断某个行为未来不会再有任何收益（一次性收益），就会停止分泌。这种强效分子 144

已经完成驱使你做有奖赏的事的工作。大脑意识到多巴胺已完成它的任务，分泌就此停止。

尽管不愿承认，但正是多巴胺停止分泌使得我们在仅仅过了几天之后，就开始想着"要不要在墙上挂一幅画和鱼缸呼应一下？那一定很棒"。于是，我们又开始在网上找画，购物的整个过程重演。

想一想 ·······························●

你是否有过这样的经历？最初，你非常想要某件东西，却出于某些原因没能得到，过了一段时间后便也不是那么想要了。

多巴胺与目标设定

那么，为什么会不再想要之前渴望的东西呢？大脑感受到预期愉悦时会释放多巴胺，但当这件物品不可得时，大脑就会停止接收预期愉悦的信号，因为这种愉悦可望而不可即。因此，你开始失去对这件物品的兴趣，转而关注其他事物。

综上所述，多巴胺与目标设定的关系在于：

145

- 一旦你对目标有强烈的渴望，多巴胺便会开始工作。

- 越想达到目标，多巴胺就越强效，你也越可以集中精力于实现目标。

• 与赌博类似，多巴胺可以令你沉迷于从实现目标的过程中
获得奖励。

快速制胜，制造多巴胺

玩过推币机的人都知道，虽然一个下午可能只花了 4.72 英
镑，但那种兴奋的感觉无关赌注大小。看上去只是一点点钱，却
意味着你向橱窗里投了 472 次硬币。尽管只赢了 32 便士——
但那"锵、锵、锵"的声响听上去那么悦耳，能让人待上整个
下午。

更神奇的是，如果你用的是智能手机，你可能有过这样的经
历：一连几天沉迷于应用商店下载的某款游戏，生活完全被手机
占据。

有一款叫《推币大亨》(*Coin Push Frenzy*) 的游戏，相当于
虚拟的推币机。在游戏里打开一个个虚拟奖励的过程，就像玩真
的推币机一样令人着迷。

可见，奖励大小不是关键。重要的是大脑对得到奖励后的 146
愉悦程度的估计——看来打开一个虚拟的盒子对我们而言就足
够有趣了（的确，与博彩业一样，多巴胺也是电子游戏产业的

基础）。

只要取得了胜利，哪怕只是小小的胜利，只要你相信继续努力会取得更多成功，你就能鼓起前进的斗志。

像在"过渡步骤"中学到的那样，把大目标拆分成小步骤，你就创造了快速取胜的机会。大脑会认为小步骤容易实现，完成后会获得预期愉悦。

随后大脑会分泌多巴胺，让你更专注于完成小步骤。与买鱼缸时的一次性获益不同，多巴胺在第一个小步骤结束后不会停止分泌，因为还有后面的步骤在等待着你。

不断取胜就能不断前进

我们可以从老虎机上学到的最后一课是它的回报率。老虎机的回报率一般设定为82%—98%。为什么这么高？很明显，回报率不能超过100%（否则赌场赚不到钱），但奖励也要定得足够高，以便让玩家继续玩下去。赌场希望通过高昂的回报率让玩家在胜利中兴奋起来。如果回报率只有10%，玩家很快就会失去兴趣，因为多巴胺会告诉我们老虎机不能带来可靠的回报。

因此，在制定目标和设定子目标时，比起一步登天，不如将

147

目标拆分成易于实现但又令人愉悦的子目标，并执着于实现这些子目标，成功的可能性就会大得多。如果你正困扰于缺乏动力，可以进一步拆分子目标，以确保经常取胜，保持充足的动力。

试一试

回顾你的总目标和子目标。

问问自己："我能从目标中获得快乐吗？目标容易达成吗？"

如果每个子目标也需要很长一段时间才能完成，或许应该将它们继续细分，设定新的子目标。

如果子目标的趣味性不足，可以在到达每一个小节点时给自己一点奖励，或者做个简易表格，每实现一个子目标就涂满一格。简单的小技巧有时具有意想不到的效果。

148

> **实用小贴士**
>
> • 在实现目标的过程中不断收到奖赏，可以让你保持充足的干劲。
>
> • 将目标拆分成子目标会更容易实现，也会让你更容易体验到完成一件事的乐趣。
>
> • 如果子目标的趣味性不足，可以人为设置一些额外奖赏。

重要知识点

依靠一连串快速的小胜利持续获得多巴胺，你会更容易实现自己的总目标。

18. 罗森塔尔效应

R: Rosenthal Effect

若想与雄鹰齐飞，就不要再与火鸡纠缠。

——齐格·齐格勒（Zig Ziglar）

如果你已采取前述所有方法却还是觉得难以成功，或许该考虑一下来自他人的影响。

1968 年，罗伯特·罗森塔尔（Robert Rosenthal）和莱诺拉·雅各布森（Lenore Jacobson）在旧金山橡木小学（化名）的学生中开展了一项智力测验。他们告诉教师，这项智力测验有两个目的：测量学生的智商，以及预测出班上 20% 的学生在接下来的学年中将有突出进步，而不论其目前的成绩如何。测验结束后，教师会被告知谁会是进步更多的学生。

学年结束时，也就是 8 个月后，学生再次接受测验。结果显示，被预测将有长足进步的那 20% 的学生的确不负众望，他们的智力测验成绩平均提高了 12 分，而其他孩子只提高了 8 分。

这一数字在低年级中更为夸张，这部分学生的智力测验成绩平均提高了 20 分。

然而故事没有这么简单。实际上，智力测验的结果并不能预测谁会有更好的发展。这些学生被随机挑选出来，凑巧被打上了"成功者"的标签。

这一实验说明，你被赋予的标签，以及你与其他知道这一标签的人的交互作用，会显著影响最终结果。可怕的是，这种影响甚至在你还不知道被贴上标签时就已悄悄产生了。这种现象被称作 **"罗森塔尔效应"**（Rosenthal effect），借萧伯纳（George Bernard Shaw）的著名戏剧《皮格马利翁》（Pygmalion）之名，也叫 **"皮格马利翁效应"**（Pygmalion effect）。《皮格马利翁》讲述了两位男士如何将贫苦的卖花女包装成谈吐优雅的上层阶级的故事。

考虑到伦理因素，橡木小学的研究者只探究了如何对学业表现产生积极影响。若换个角度想，实验中还选出了另外 20% 的学生，预测他们没有前途，结果又会怎样？多么可怕的念头啊！

那么，来自他人的消极反应会如何影响我们呢？下面这则关于青蛙的寓言故事可能会让你恍然大悟：

一天，一群青蛙打算比赛跑步（或者说跳），角逐出最快抵达高塔塔尖的青蛙。

一大群观众聚在一起观看这场比赛。比赛还没开始，他们就在心里怀疑："爬到塔顶？怎么可能呢？太高了。"

比赛开始了，迫不及待的青蛙们向着塔顶进发。没过多久，疲惫的它们陆续退出比赛。

观众在塔下喊着："别爬了，没希望的！"令他们难以置信的是，仍有几只青蛙在继续往上爬。"不可能的，爬不上去的！"

最终，仅剩一只青蛙还在坚持，其他青蛙都放弃了。这只青蛙跳到了塔顶，最终获胜。在一片欢呼声中，观众惊讶地冲到它面前，想要知道它是怎么做到的。

原来这只最终登顶的青蛙听不见声音。

想一想 ••●

回想是否有朋友曾因相信你的潜力而一直鼓励你，最终帮助你取得了胜利。

再回想一下，他人的话语是否曾击溃你的信心，你最终没能成功。

社会因素的影响

心理学教授戴维·麦克利兰（David McClelland）对个体所处的社交群体与其生活中取得的成就之间的关系很感兴趣。

经过 25 年对成就的研究，他总结认为，选择一个消极的参照群体就足以使人一败涂地、一事无成。参照群体指与你一起生活、共同工作、长久相处的人们。他们的意见和观点会对你造成影响。

对朋友和同事的选择会影响你的未来，因此请谨慎选择社交圈。随着时间的流逝，参照群体会影响你的思维、人格、身体健康以及你遭遇的每件事。请确保他们的影响是积极的。

远离那些蔑视你志向的人，小人总是如此。

真正伟大的人会让你觉得你也可以像他们一样伟大。

——马克·吐温

一张成功的安全网

1973 年，双日出版社（Doubleday）收到一份书稿，讲述了发生在女孩嘉莉·怀特（Carietta White）身上的故事。这本书，

《嘉莉》(*Carrie*)，出自胸怀壮志的年轻作家斯蒂芬·金——畅销
3.5 亿册，多部著作被改编为影视作品的斯蒂芬·金。

可是很少有人知道，斯蒂芬·金的故事本有可能截然不同。
创作《嘉莉》时，他一度绝望地将手稿全部扔进垃圾箱。

令斯蒂芬·金和他庞大的粉丝群体庆幸的是，一位陪伴了他
整个写作生涯的贵人，始终没有对他失去信心。他的妻子塔比莎
(Tabitha) 将手稿挽救了回来。通读全篇后，她深受感动，鼓励
斯蒂芬·金继续写下去。斯蒂芬·金也确实听从了她的意见。书
稿被双日出版社签下时，稿酬高达 40 万美元。对一部曾在他眼
中一文不值的作品而言，这一成绩着实不错。

生活中有些人会发自内心地鼓励和支持你，也总会有另一
些人在一旁对你的努力评头论足，议论你的追求多么不切实际。
他们的生存环境、生活态度和他们自己的失败最终会对你产生
影响。

人际关系微妙而又强大。

——吉姆·罗恩 (Jim Rohn)

试一试 ·· ●

请参照下列步骤进行"人际审计",制作一份社交清单。

1. 思考对你人生影响最大的 5 个人。

2. 制作一张表格,将每个人的名字填入第一行。

3. 参考样表,用 A—F 回答每一个问题。A 代表最高分,F
代表最低分。

	马克	萨拉	彼得	乔	苏西
他(她)的生活态度乐观吗?					
他(她)的人生成功吗?					
他(她)相信我的能力吗?					
他(她)希望我成功吗?					

明智地选择社交圈

看看刚完成的练习,现在让我们一起来解读评分结果。记
住,你是在为他们的能力、成就以及对你的态度评分。

对于你给出高分(A—B)的人:

• 尽量多与他们交往。

• 同他们谈论你的目标、理想和抱负。

• 追求目标的过程中,可以向他们寻求建议和帮助。

对于你评价中等（C—D）的人：

• 少与他们谈论你的野心。

• 在追求目标的过程中尽量少与他们相处，他们可能会在无意间使你泄气。

对于你给出负面评价（E—F）的人：

• 不要与他们谈论你的理想，他们总会鸡蛋里挑骨头。

• 尽管并不容易，刻意远离他们，尤其当他们恰好是你的家人。

• 别让他们参与你制定和实现目标的过程。

对自己和他人的积极信念是弱不禁风的幼苗，需要呵护与培育而不是蹂躏，因为肯定会有很多不请自来的人"指点"你应该追求什么不该追求什么，应该怎么做又不该怎么做。下一主题将探讨有人给你贴上负面标签时该怎么办，以及如何摆脱这种处境。 156

同时请记住，尽可能不与身边的"情绪黑洞"分享你的观点或理想。如果你不够小心，不管他们出于何种目的，都有可能将你引向失败，而你本已具备成功的实力。

实用小贴士

• 问问自己："我身边都有哪些人？他们会对我产生怎样的影响？"

• 学会识别哪些人在支持你，哪些人在妨碍你——多与前者交流，少与后者为伍。

• 别让悲观的人拖你后腿，耽误了你的前程。

重要知识点

罗森塔尔效应说明，与他人的关系可能会影响我们的成功之路，因此请确保这种关系是最有益的，你会因此成为最好的自己。

19. 自信

S: Self-Belief

要想避免受到他人消极观念的影响，不妨看看这些态度和行为是不是针对你。

如果不是，我们可以选择无视，让它们随风而去。

——苏·帕顿·托埃尔（Sue Patton Theole）

生活中你可能经历过这样的时期，你相信自己的能力，但是父母——他们毫无疑问是为了你好——对你该走怎样的路有不同意见。

乔（Jo）女士便面临这样的局面。她确信"成为一名作家"是人生的唯一所求。但她的父母觉得，作家是个不靠谱的甚至有点可笑的职业。他们显然认为，也明确告诉乔，成为作家永远付不起贷款，拿不到体面的养老金。出身贫苦家庭，她的父母只想女儿过得比自己好。

乔的生活在接下来的10年糟糕透顶。妈妈不幸去世，只维持了 2 年的婚姻也是一场彻底的灾难。走出失败的婚姻，她又陷入贫困，不仅遭受抑郁症的困扰，还拖着一个尚未长大的孩子。

用她自己的话说："父母对我的担心和我对自己的不安统统成为现实，依任何标准看来，我都是我所知道的最失败的人。"

上一主题我们曾谈及周围人的看法对你的影响，以及他们对你造成的伤害会有多大。当父母劝乔趁早放弃她那异想天开的作家梦，当文学前辈和出版商在各种场合不断回绝她的书稿，你应该完全能够理解乔为什么最终选择放弃。父母的预言，"你没法以写作为生"，果然在她身上应验了。

那么，我们现在向你提出的问题是：当别人认为你不行，并且情况真的向他们预言的方向发展时，你有可能打破消极的自证预言，得到你想要的结果吗？

想一想 •••●

你能想到自己（别人）成功打破消极自证预言的例子吗？你（他们）是如何做到的？

选择更好的预言

在"敢于梦想"中，我们介绍了罗伯特·默顿提出的"自证预言"。他在提出这一概念的同时，还介绍了能打破自证预言的特定情况。

打破消极自证预言有两个重要条件：

1. 质疑自证预言的假设。

2. 拒绝预言成真的恐惧。

我们来分别看看这两个重要条件。

质疑自证预言的假设

以我们在痛苦中挣扎的作家乔为例，别人说成为作家没法过上像样的生活。此处的关键在于这句话并不是既定事实，而只是一个观点。虽然许多人无法靠写作谋生，却有另外一些人能够做到。

以前一主题提到的斯蒂芬·金为例。他耗时几个月写的书只拿到 2 000 美元的预付款，如果没人买下版权，他未来的收入没有任何保障。 160

当这本书最终完成时（多亏他的妻子把书从垃圾箱里捡了回来），出版商将著作权转手给了另一家出版社。斯蒂芬·金分得了一半的版权费——20 万美元。他于是辞去教职，全职写作。

因此，"没人能靠写作谋生"并不是事实。斯蒂芬·金接下来又陆续完成了许多重要的著作权交易，赚到了大约 8 000 万美元。

拒绝预言成真的恐惧

那些打破自证预言的人还有一个共同点，即他们接受预言有可能成真的现实，但无论如何，他们都有足够的勇气继续前进。

作出这样的决定一定要小心谨慎。你需要不断考虑这一决定可能带来的后果，不进行鲁莽的冒险。不过，成功的人总是作好了直面恐惧的准备，坚定向前。让我们在此稍作停顿，回想第一个主题中明智的长者们给出的建议——他们后悔自己没在一生中多做些冒险的尝试。

打破预言

我们壮志未酬的作家乔最后怎么样了？

你其实早就已经知道了结果。如果你还没猜到的话，乔就是我们熟知的 J. K. 罗琳（J. K. Rowling）。她已经向我们证明了，尽管困难重重，依然有可能打破自证预言。

就算是第一本书，《哈利·波特与魔法石》（*Harry Potter and the Philosopher's Stone*）的前三章已经被伦敦的一家小出版商接收，她还是被编辑劝说最好再找一份工作，因为做儿童读物可没什么钱赚。

她用实力证明所有人都错了。据估计，J. K. 罗琳是英国最富有的女性之一，福布斯排行榜估计其身家达 10 亿美元。"哈利·波特"系列中的最后一本，《哈利·波特与死亡圣器》（*Harry Potter and the Deathly Hallows*）成为有史以来最畅销的书籍之一。她也被誉为健在作家中对文学贡献最大的人。

如你所见，J. K. 罗琳成功的原因之一在于，她没有接受"写作不能谋生"的假设。

162

在接受奥普拉·温弗里（Oprah Winfrey）的采访时，J. K. 罗琳讲述了被她称作"未卜先知"的一刻。一天，她在咖啡厅创作"哈利·波特"系列的第一本。回家的路上，她对自己说，现在最难的事就是出版，如果顺利出版，一定会轰动一时。她相信，一旦能克服障碍，得到关注，便可以实现自己"以写作为生"的梦想（尽管她自己也没料到第一本书的出版会带来这么大的变化）。毕竟从五六岁开始，"以写作为生"便是她一生中最想做的事。即使是在逆境中，她也没有放弃这一信念，相信自己"终有一天会以写作为生"。

在采访的最后，J. K. 罗琳留下名言：

你们得相信。我并不是世上最有安全感的人。我甚至也不认为自己有多自信。但是生命中只有一件事我始终坚信不疑——我相信自己能把故事讲好。

163   J. K. 罗琳非常勇敢。尽管很多人质疑她是否明智，是否能在手忙脚乱地哺育孩子的同时努力成为一名作家，但她始终坚定不移。

诚然，你可以说她一无所有因此不害怕失去，但她还是主动选择不去谋教职，不去求那份安稳的收入。相反，她全心全意地投入追梦之中。

此时最难克服的困难恐怕是对流言蜚语的恐惧。不管你喜不喜欢，社会都会对你妄加评判，为你贴上标签。一人心目中的女英雄可能就是媒体眼中依赖福利、不负责任的单亲妈妈。

现在，依靠她的成就，J. K. 罗琳已经比英国的任何家长都更能保障自己孩子的未来。

试一试 ···●

回想你为自己定下的目标。

- 你觉得他人会对你的目标／愿望作出什么样的消极评价？

- 你该如何去挑战他们的假设？毕竟，那些只是观点，不是事实。

实用小贴士

- 不必接受别人给我们贴上的标签。

- 质疑他人观点的依据，寻找反面证据。

- 拒绝恐惧和消极情绪，专注于成功的可能。

J. K. 罗琳的传奇故事还有一个转折点，藏在《哈利·波特与魔法石》的第 15 页。邓布利多（Dumbledore）和麦戈纳格尔（McGonagall）将哈利（Harry）放在他叔叔婶婶的家门口时，麦戈纳格尔说："他会成名的。世上每个孩子都会知道他的名字。"

这是多么积极的一条自证预言啊！

重要知识点

要相信自己，克服消极标签，无视他人的指指点点——他们的预言根本站不住脚，最好的反驳方式就是用自己的成功证明他们的错误。

20. 团队
T: Team

没人能闭门造车。为了实现梦想，你需要他人的帮助。

——乔治·希恩（George Shinn）

前面几个主题都在谈论他人带来的坏影响。现在是时候翻到硬币的另一面，谈谈如何得到他人的帮助了。

想象你正站在好莱坞奥斯卡颁奖典礼的舞台上，台下观众成千上万，电视机前还坐着几百万人。你凭借杰出的工作荣获一项大奖。好样的！

发表获奖感言时，你想要感谢的人太多太多。那些曾支持你、指导你、训练你、挑战你的人，没有他们就没有你的今天。这份成功是你的，也是他们的，没有人会比身边的团队更为你骄傲。

当你看到高尔夫球手在赛场中漫步时，他们都显得非常孤独，只有球童与他们做伴。但你看不到的是，他们为参加比赛所获得的数小时的帮助与支持。

赛场上的高尔夫球手并不是孤军奋战。实际上，他们可能会得到一支核心团队的支持，包括教练、运动心理学家、运动学专家、心理治疗师、市场和公关、健康顾问，当然，还有球童。这支核心团队的每一位成员都有各自独特的作用，帮助高尔夫球手发挥出最佳水平。

埃伦·麦克阿瑟（Ellen MacArthur）显然不是仅凭其个人成为 71 天内单人不间断环球航行最快的人。在 2005 年打破纪录后，她为在岸上夜以继日支持她的团队开出了三倍薪水。麦克阿瑟告诉 BBC：

> 纪录如果不分享就一文不值。我为打破纪录骄傲，但我更为能与世界上最好的团队合作感到骄傲。在海上航行时，我一点儿都不孤独，我知道背后有一个团队在支持我，无论是身体上还是精神上。

她的成功甚至不只是团队的贡献，背后还有另外一名关键成员和另一个团队，它的名字叫作"莫比"（Moby），就是她环球航行使用的船。

它是一位斗士，一艘永不会让你失望的船。建造它的团队是我此时此刻能够平安归来并打破纪录的保障。

打破世界纪录，建造莫比的团队和埃伦的支持团队缺一不可。

攀登珠峰并非一日之功，

也不在于准备和攀登时那焦急难忘的几周。

这是一群人长时间的不懈努力。

——约翰·亨特爵士（Sir John Hunt）

我们经常将他人的成功看作只身逐梦，如麦克阿瑟。毕竟是他们站在台前，付出汗水，收获荣誉。但事实上，一旦他们确立了目标，身边的同事、朋友、家人和其他关键人物就会形成一个"成功联盟"，一路协助他们实现梦想。

试一试 ⋯⋯⋯⋯⋯⋯⋯⋯⋯⋯⋯⋯⋯⋯⋯⋯⋯⋯⋯⋯⋯⋯⋯●

回顾你人生截至目前取得的成就。思考你与朋友、家人、恋人的关系，思考你的事业、家庭、收入和休闲娱乐。

给帮助你取得成就的人们写一封感谢信（如不仅授予知 识还教你做人的恩师）。感谢他们为你做的一切，尤其要具体说明他们在哪些方面对你有所帮助，他们的支持对你意味着什么。

如果你有足够的勇气，就把相应部分分享给你感谢的人。你的认可与感激在他们看来就是整个世界。

你的支持圈

诺克罗斯（Norcross）和万杰利（Vangarelli）在一项关于新年决心的研究中，对 200 人进行了为期 2 年的跟踪调查，以了解他们是如何坚持自己的决心的。

77% 的人能坚持 1 周，但只有 19% 的人能坚持 2 年。研究中最重要的发现之一是，随着时间的推移，社会支持在计划的顺利推进中具有越来越重要的作用。

另一项由温（Wing）和杰弗里（Jeffrey）开展的研究，跟踪了一个为期 4 个月的减肥项目。成员们被筛选为两组，一组独自参加，另一组有朋友陪同。

减肥项目结束 6 个月后对成果进行检测。独自参与的一组中，76% 的人在项目中坚持了下来，24% 的人体重没有反弹。与之相比，社会支持较好的一组中，95% 的人顺利完成了项目，66% 的人保持住了瘦身效果。这一组还报告称他们的体重减了更多，在体重的保持上也更加成功。

因此，无论你追求的是什么，研究都指向这样一个事实，即他人的陪伴或援助会显著提升你实现目标的可能性。

获得社会支持

谈到社会支持，有很多选项供你选择。

朋友、家人、同事和熟人是最简单的社会支持来源。他们很乐意为你提供帮助（大部分情况下如此），既可能帮助过你，也可能受到过你的帮助。然而这一群体的缺点在于，他们可能不是你所追求领域的专家，而且观点也不怎么客观。如果他们不欣赏你的目标，或者认为那不现实，可能会在不知不觉间妨碍你。（如果是这种情况，就给他们也买一本书吧，这样你们就能相互支持了！）

另一选择是那些你不熟悉的但是能为你提供客观建议，或者能担当顾问或导师角色的人。

20 世纪 80 年代，雄心勃勃的励志演说家莱斯·布朗，将一盘录有自己演讲内容的磁带寄给了诺曼·文森特·皮尔——"积极思考"倡议的鼻祖。皮尔听完后发现了莱斯的潜力，将他收入羽下。皮尔尽心尽力地改善莱斯的演讲风格，打磨他的演讲技巧，为他开启了一扇通往更高规格演讲的大门。这就是指导关系为莱斯带来的力量——它为莱斯开拓了实现职业抱负的机遇，造就了我们如今熟知的这位成功的励志演说家。

获得所需支持的第三个选项是智囊团。"智囊团"（mastermind group）由拿破仑·希尔在其 1937 年的著作《思考致富》(*Think and Grow Rich*) 中提出，指由不同领域的专家组成的小组。专家之间不存在竞争关系，而是互相补充、相得益彰。福特汽车的创始人亨利·福特，其智囊团甚至包括像爱迪生那样的人。福特和爱迪生，那个年代两位最伟大的人，强强联合。比尔·盖茨（Bill Gates）据说也因拥有智囊团而获益颇丰（看看他现在多么成功）。

试一试 ....● 171

思考你为自己定下的目标。

- 熟悉的人中谁能为你提供帮助？

- 如果社交圈中没人能为你提供客观支持，外部专家，如生活教练会不会对你有所帮助？他们可以帮你挑战自我，也可以帮你梳理每一项选择。

如果你需要一位在你所追求的领域拥有丰富经验的人，谁会适合做你的导师？请列出候选名单。

如果你的目标长远又复杂，需要不同领域的专业知识，可以考虑组建或加入一个智囊团。如果想要自己组建智囊团，你需要确定几位想合作的专家，以及你能为他们提供哪些回报。

在获得社会支持上，迈出第一步是最重要的。行动起来吧，向以上你所想到的人寻求帮助。我敢肯定，他们将很荣幸接受你的邀请，如果合适，他们会同意帮助你的。

实用小贴士

· 成功看上去可能是一个人的孤军奋战，但每位成功者背后都存在一个支持网络。

· 无论你定下什么目标，都要尽力找到对你的目标感兴趣并且愿意支持你的人同行。

· 社交圈、教练、导师或其他私人团队，都能在你追求目标的过程中提供帮助与支持。

重要知识点

你可以通过支持网络——你的"成功联盟",来更好地维持追求目标的动力,并最终梦想成真。

21. 压力之下
U: Under Pressure

很多导演不喜欢拍《珍珠港》(*Pearl Harbor*) 这种大题材电影，觉得压力太大。

但我很喜欢，压力让我成长。

——迈克尔·贝 (Michael Bay)

现在是 1917 年，你叫凯瑟琳·布里格斯 (Katherine Briggs)，42 岁，住在华盛顿。圣诞节到了，你的女儿，20 岁的伊莎贝尔 (Isabel)，带了一位你从未见过的年轻男士克拉伦斯 (Clarence) 回家。你觉得自己会有什么样的反应？

与所有父母一样，你会用犀利的目光上下打量他。当凯瑟琳这么做的时候，她发现克拉伦斯是一位很令人敬佩的年轻人，但是同时，他的人格特质与其他家庭成员非常"不同"。他太与众不同了，激发起凯瑟琳对人格本质的兴趣。

伊莎贝尔将克拉伦斯与她妈妈的这次会面称作"幸运女神的

一次伟大眷顾"，因为它催生了迈尔斯-布里格斯（Myers-Briggs）人格类型学。

迈尔斯-布里格斯类型指标（Myers-Briggs Type Indicator，MBTI）是一项流行的人格测验，如果你还没做过，那么值得尝试一下。它可以测量你对压力和紧张的态度，以及它们对你的行为表现的影响，这很有意思。

MBTI测验有四个维度，其中之一是 J—P 维度。这是与压力应对相关的维度，我们会多介绍一些。如果你对其他维度也很感兴趣，想多了解一些，网络上有很多相关信息——在搜索引擎中输入"MBTI"即可。

MBTI 的 J—P 维度将人分为两类：J 代表判断（judging），P 代表知觉（perceiving）（不要过多纠结于这两个名词本身，它们并不是严谨的科学用语）。

J 倾向的人以"先做后玩"为原则。他们喜欢制定计划，有目标时会向着目标稳扎稳打地前进。他们倾向于更早作决定，这能让他们尽快取得进展。最后一刻的变动会让他们沮丧不已，因为这有可能会让他们之前的所有努力付诸东流。

相较而言，P 倾向的人经常会在"不能再推迟时才开始行动"。他们喜欢在最后一刻作决定，因为他们喜欢保持选择的开放性。最后一刻的变化不会对他们造成很大影响，因为最后期限的压力让他们充满活力。

175 **试一试** ···●

假设你即将前往北美旅游。出发前你会做些什么？请准备纸笔，列一个清单。

我曾给数百位做过 MBTI 测试的人尝试以上练习，结果非常有趣。J 倾向的人经常列出许多要做的事情，而 P 倾向的人会轻描淡写地说："拿上护照，订张机票，带上信用卡和牙刷，上飞机看旅游指南吧！"你更偏向哪一种？

刚刚所做的显然不是测量行为倾向的严谨测试，你得去做真正的 MBTI 测验才能得到准确的结果。不过，通过这一练习以及前面的描述，你或许对自己处于哪一阵营已心里有数。

人格与压力

那么 J—P 维度与压力有何关系呢？J 倾向者与 P 倾向者的关键不同在于，最后一刻的压力对他们的影响。

J 倾向的人会因最后一刻的压力而紧张，这可能会影响他们的发挥，因为他们会恐慌。P 倾向的人则会因最后的压力而更有动力。压力会提醒他们是时候努力工作了。

大学生群体间的差异就是个例子。一些人喜欢先完成论文，扫清障碍，再放松。另外一些人则会先在聚会上疯玩几天，再在不得不开始学习时熬几个晚上。

重要的是，这两类学生一般都能按时完成课业，分数也差不多，但他们完成目标的时间线非常不同，而且一旦被迫采取异于自身习惯的方式行事，他们会感到非常沮丧、焦虑紧张，总体表现也可能更差。

追寻目标时，我该怎么做？

一些人可能自然而然地认为外部压力就是坏的，但其实外部压力与精神压力有所不同。外部压力产生的消极情绪才是精神压力。然而，对某些人来说，外部压力是一种激励。

分析一下外部压力对你造成的影响。把自己想象成一块电池——压力会耗尽你的电量还是会为你注入能量？这是我们人生中一项更广泛的特质的一部分，有助于更全面地了解大多数情况下，什么（甚至是谁）会消耗你的能量，什么（或谁）会带给你充沛的精力。

人格有不同的方面，你应该发挥自己的长处。如果你发现最后一刻的压力对你而言是一种激励，别人说你把事情拖到太晚很愚蠢时，不必在意他们的建议。了解自己的能力与底线，弄清什么程度的压力会为你带来最佳结果。

相反，如果你讨厌最后一刻的压力，制定计划对你而言便非常重要和实用，包括留出应急时间，避免陷入被动。此外，对那些有 J 倾向的人而言，设定一个"休息时间"并严格遵守也十分重要，因为他们可能会有点工作狂的倾向，即使正在休息也总想着先去把工作做完。如果这听起来像你的想法，请记住，在我们通往成功的道路上，重要的是在成就与积极情绪之间取得平衡，这样你才能享受这段旅程。

如果你的工作需要他人配合，理解他们的行为方式也十分必要。例如，如果你是 J 倾向者，却在等一个 P 倾向者的消息或决定，那可真够着急的。反之，如果你有 P 倾向，却总与一个在你还没准备好的时候就急着开工的人共事，也同样令人泄气。理解自己和他人的需求并表达出来，有利于你们更好地合作。

压力来了，就在此时此刻

截至目前，本主题探讨了我们面对可能需要花费数个小时甚至数年时间才能完成的任务时，对压力和紧张的反应。然而，对于当下的压力，我们又该如何应对呢？为什么我们中的某些人面对突如其来的压力时会瞬间崩溃，而另一些人却越挫越勇？

例如，两支球队在世界杯四分之一决赛对阵，比赛即将进入点球大战。两队球员的内心可能都很忐忑，心跳加快。他们的身体正在为"战斗或逃跑"反应作准备。

在踢点球的前一刻，如何系统解读这些躯体信号是关键。如本书前文所说，"除了我们赋予它的意义，任何事物都没有意义"。

如果你也是个球迷，你可能有兴趣了解，英文单词"anxiety"（焦虑）源于拉丁语"angere"，意思是"窒息"。这就解释了俗语"压力下的窒息"（choking under pressure）。

一些球员将这些躯体信号解读为恐惧。英格兰球员准备罚点球时，他们脑中可能开始浮现罚丢球后第二天报纸头条的谴责标题。毕竟，英格兰队多次在世界杯或欧洲杯大赛中点球大战失利。

相反，德国队自 1976 年起，点球大战从未告负。[①] 因此，德国球员对同样的躯体信号的解读可能完全不同——流淌的肾上腺

---

① 截至本书英文版出版时。——译者注

素让他们充满斗志，准备好战胜眼前的挑战。

可见，即使压力下的躯体反应相同，大脑对这些信号的解读也可能天差地别。

如何在压力下发挥得更好？

下面这些小技巧可以帮助你在压力下表现得更好：

1. **学会用其他方式解读躯体信号。**"克服恐惧"中提到的 ABC 模型是一则实用技巧，它主要关注事件发生时你对事件的看法，以及这种看法会导致什么样的结果。

2. **采用预演的模式。**这意味着你要强迫自己专注于实施一套既定的行动模式，使所有行动皆在你的掌控之中，让你不再关注任何消极的想法。

3. **进行积极的自我对话。**聆听脑中微弱的声音。如果它说："明天的报纸得'火化'我。"那么，它对你的焦虑水平的影响会极不同于"我一定会踢得很准，指哪儿踢哪儿"。

4. **想象成功的画面。**上一则技巧关注你与自己的对话，本则技巧关注你心中的画面。想象成功的画面将在下一主题作详细介绍。

5. **保持充足的睡眠。**人们在感到压力时，通常会产生变身工作狂的倾向，透支自己的体力。然而，有研究表明，充分的休息对我们的表现至关重要。例如，在为重要考试复习时，睡眠对巩固记忆非常必要。

如果你入睡时因压力而辗转反侧，脑中一遍遍想事情，试试 下面的技巧，它可以帮助你在压力状态下更快入眠。

试一试 ●

如果你想得到充分的休息，这是个非常值得一试的技巧。当然，如果现在你正专心阅读本书，那就晚些等你入睡时再尝试吧!

• 闭上眼睛从 300 开始倒数。

• 你可能发现白天清醒时的想法正在头脑中徘徊。如果是这样，就强迫自己回想刚才数的最后一个数字，重新开始倒数。

• 我经常在还没数到 200 时就睡着了。

实用小贴士

• 我们因人格特质不同而具有不同的压力处理方式，以及对压力的不同体验。

• MBTI 是你了解如何利用压力激励自己的好方法。

重要知识点

　　理解自己应对外部压力的方式并按喜好行事，是避免压力的最佳方法。

22. 想象成功

V: Visualize Success

> 普通人只相信可能的事。
>
> 出类拔萃的人不局限于可能，更会想象不可能，并由此将想象视作可能。
>
> ——谢丽·卡特-斯科特（Cherie Carter-Scott）

你有没有与那些非常励志的人共事过？史蒂夫（Steve）就是其中之一。他有一种非凡的能力，能在培训课程结束后将所学知识融会贯通，加以利用。

我们有幸与史蒂夫及其同事共事了几天，有机会探索这支表现出色的团队是如何打造出来的。我们欣喜于史蒂夫在培训后被点燃的热情。他欣喜若狂，甚至想要带着 35 人的团队一同参与课程，以便大家都能体验这种兴奋。

利用课上学到的一些原理，如"瞄准月球"和"想象成功"，史蒂夫开始了自我挑战。培训课程固然不错，但有没有锦上添花的可能呢？有没有什么办法能让课程变得更深入人心呢？

　　　　过了一段时间，史蒂夫想到了个好主意——邀请一位成功人士莅临现场，作为课程的意外惊喜。他/她可以现身说法，与学员分享成功经验，用自己的亲身经历诠释"成功"的理论。

　　当然，不可能真的聘请一位名人来做演讲——那得花费几千英镑。这种程度的支出完全不可行，比聘请培训团队的开销还要大。然而，史蒂夫觉得自己的点子实在是很棒，他还是为这件事做起了规划。

　　他的努力换来了回报。仅仅过了一小段时间，他发现一位奥运会金牌得主恰巧住在他办公室所在的那条街上。这位冠军将自己的旧健身房改造成一个培训中心，租金十分划算。他或许可以租下场馆作为这次培训的场地，那会让培训成为一次独特的体验。

　　他打算邀请这位冠军，问问她愿不愿意在培训的间歇短暂登场，与团队打个招呼。出乎意料的是，她不仅同意了，还表示很乐意作一个小时的发言，而且一切都在史蒂夫的预算之内。

　　那是十分难忘的一天，远超史蒂夫的预期——不仅见到了奥运冠军本人，亲眼看到了奥运金牌，还见到了她的父母和宠物狗！史蒂夫的故事说明，只要你敢想，不可能也会成为可能。

　　故事中的那位运动员正是 1992 年巴塞罗那奥运会女子 400

米栏冠军得主萨莉·贡内利（Sally Gunnell）。贡内利并不是那种6岁开化，立志赢得奥运冠军的人。相反，她曾经是名办公室白领，只能兼职训练。在1992年夺得金牌后，她甚至想过回到原来的会计公司。她1986年就在那儿做研究员了！

贡内利年轻时，身边的人就经常对她说，她没有奥运金牌得主的肤色和体型。我们不是告诫过你警惕他人的消极标签吗？因此，想要成功，贡内利得使出浑身解数。其中一招便是发挥想象的力量。

贡内利在脑中一遍遍设想奥运会决赛可能发生的状况：起跑时出师不利，后半程慢慢反超；领跑全程；与其他竞争者挤在一起；与另一位选手并驾齐驱。不论想象的是什么场景，结果都是一样的——第一个冲过终点，赢得金牌。她说自己想过太多次了（可能超过2 000次），以至于真的冲过终点时，她都分不清自己是真的赢了还是依然在想象！

试一试   ● 186

通读如下指引，接着闭上眼睛尝试练习。

- 双手伸向前方，确保平举。
- 想象右手绑着一束氦气球。

• 专心想象，持续 10 秒钟，接着睁开眼。

你的右臂发生了什么变化？

想象 vs. 现实

许多人在尝试上面的想象练习后发现，自己的右臂神奇地升高了。这是因为大脑实际上并不能很好地区分现实与生动的想象。这就是为什么你会在做噩梦后浑身冷汗地醒来，心脏怦怦跳；也是为什么你会在看恐怖电影时惊声尖叫，尽管并没有直面危险。

然而，并不是只想象最终结果就能带来能力的提升，你需要想象的是成功的过程。安斯科（Ainscoe）与哈迪（Hardy）1987年的研究显示，运动员提前想象自己要做的每一个翻腾与转体动作——就像贡内利想象比赛中迈出的每一步——在完成动作套路时，身体状态有显著提升。

> 想象即一切。它是生活即将到来的惊喜的预演。
>
> ——阿尔伯特·爱因斯坦

很多一流运动员都了解想象的力量，并能够将想象运用于他们的长处。罗杰·班尼斯特（Roger Bannister），4 分钟内完成一英里跑的第一人，无数次想象自己站在起跑线前的样子——发令枪响，比赛开始，赛跑的情境一遍遍浮现在眼前。到了赛场上，他用惊人的成绩震惊了那些不相信人类可以在 4 分钟内跑完一英里的人。

容尼·威尔金森（Jonny Wilkinson）在 2003 年英式橄榄球世界杯中帮助英国一球绝杀澳大利亚。他将自己的腿想象成高尔夫球杆，他所要做的只是挥出精准的一击。其他时候，他想象得分线后立着一个可乐罐，他必须精准地命中。

最传奇的故事来了。1996 年亚特兰大奥运会前夕，距离比赛只剩几个月时，标枪运动员史蒂夫·巴克利（Steve Backley）扭伤了脚踝，无法走路，他担心自己没有上场的机会了。一连 6 周，他只能拄着拐杖，脚伤使他完全不能进行身体训练。不过，他还可以利用想象在心中训练。

康复过程中，巴克利在脑海里一遍遍模拟自己投掷标枪的 ¹⁸⁸ 过程。离开心中的训练场前，他至少投了 1 000 次。令人惊讶的是，回到赛场时，他发现自己的竞技水平几乎与受伤前一样，依然能在奥运会中争取一枚奖牌。他最终夺得了标枪项目的银牌，这对赛前几周连站立都无法实现的人而言已足够好。

当想象训练在体育界盛行时，它也开始惠及其他领域。1988年，心理学家谢利·泰勒（Shelley Taylor）发现，在内心彩排成功的场景时，那些专注于想象怎么做才能取得高分（如坐在桌子前一页页翻动讲义）的学生，比起只想象自己在考试中得了高分的学生，成绩有显著提升。

试一试

想象的能力依靠练习获得。抓住现在的机会，发展一项技能。

- 找一个安静、不被打扰的地方。

- 舒服地坐下，闭上眼睛。

- 专注在呼吸上，深深地吸气、呼气，不断重复。

- 让自己的头脑冷静下来，用温柔的语气对自己说："放松，放松。"

- 以第一人称视角，在脑中慢慢浮现自己成功圆梦时的画面。

- 谁正在你身边？

- 他们在怎么庆祝你的成功？

- 他们是在和你握手还是在拥抱你？接触时是什么感觉？有力、温暖，还是温柔？

- 环顾四周，你还看到了什么？

- 周围有哪些声音？是大声吵闹，还是轻声细语？

- 顺着画面一直进行下去，直到结束。

- 结束之后，慢慢睁开双眼，回忆想象时的感觉。

想象也是一项技能，你重复得越多，想象就越身临其境。当你准备好时，请再重复一遍上面的练习。发展好这项技能后，接着再开始想象达成目标所需的一个个小步骤。

实用小贴士

- 想象可以让你按照自己的计划在头脑中预演某些事。

- 想象让你在生理上为需要做的事作好准备，朝着成功更进一步。

- 无论你需要完成什么事，想象都使它看上去更具可能性，不再触不可及。

190

重要知识点

在心中彩排取得成就所需的步骤，会使成就的质量与数量双双提高。

23. 制胜要素
W: Winning Ingredient

当今社会有些舍本逐末。我们以为要先努力工作，功成名就，接着才能快乐起来。顺序其实一直都错了。

——肖恩·埃科尔

本书开篇就已谈及选择一个让你快乐的目标的重要性。帮助你既享受逐梦的过程又收获好的结果是我们的最终目的——希望你此刻确实如此！

在旅程接近尾声时，我们将再次复习快乐的概念，以期对你有所启发，因为追求快乐可能远比你想象的更重要。实际上，无论你想要追求何种形式的成功，从开启并维持一段亲密关系到健康长寿，甚至发家致富，快乐都是制胜的要素，原因如下。

在马斯特斯（Masters）、巴登（Barden）和福特（Ford）开展的一项有趣实验中，两组4周岁的儿童被要求完成一些任务，最多可尝试10次。除一项操作外，两组儿童接受的其余所有处理均相同。任务开始之前，第一组儿童被要求回忆开心的记忆，第二组儿童被要求回忆悲伤的记忆。用科学术语说，这意味着他们被"启动"积极或消极的情绪。

研究者接着记录儿童完成拼积木任务的用时。结果非常令人吃惊，被"启动"积极情绪的那组儿童完成拼积木任务的用时和成功率比另一组高 50%。

其实，不只是孩子会在感到快乐时表现更出色。1991 年，在爱丽丝·伊森（Alice Isen）主导的另一项研究中，有经验的医学生被要求基于听到的一系列症状作出医学诊断。与上述儿童研究一样，其中一组医学生被设定为接受了积极情绪的"启动"。

与未"启动"积极情绪的医学生相比，"启动"了积极情绪的医学生下诊断的速度更快，诊断的准确率也不低。此外，这一组医学生更有可能超出实验的要求，对病人更感兴趣，思维更清晰，更有条理。

是什么让医学生如此快乐，以至于他们的工作表现提升得如此明显呢？答案是糖果。是的，给他们糖果让他们开心。在实验结束之前，他们甚至都不能吃糖，因为这会改变他们的血糖水平。

或许下次去看医生时你该考虑试着让他们有一个好心情！

你是否有这样的经历？当时你心情很好，事情非常顺利，你的表现也更为出色。

相反，坏心情是否曾影响你的表现？

快乐的益处

更令人印象深刻的是快乐对成功的长期影响。快乐似乎能预测你的寿命。

在一项出色的研究中，研究者有机会接触 1932 年巴尔的摩修女学校 180 名见习修女的文章。这些文章是她们在进入修道院前作最后宣誓时提交的，能够提供每位修女的一些自述信息。

有一组人会阅读这些文章，基于修女的自述，为她们的快乐程度打分。180 名修女被分为 4 组，45 名最快乐的修女为首组，45 名最不快乐的修女为末组。

结果十分惊人，截至 1991 年，最快乐的一组修女中，90% 的人活到了 85 岁，而最不快乐的那组，只有 34% 的修女能长寿。与之相似，最快乐的一组中 54% 的人活到了 94 岁，而这一数字在最不快乐的一组是 11%。

这项研究中尤为重要的一点是，修女的生活方式具有一致

性。影响预期寿命的大多数变量，如饮食方式和医疗条件，均得
到有效控制。研究结果因而更具说服力。

快乐对一些主要生活变量的影响还不止如此。如果你希望事业更加成功，你可能会对加利福尼亚大学（University of California）心理学教授索尼娅·柳博米尔斯基（Sonja Lyubomirsky）的研究感兴趣。她通过研究发现，快乐的员工：

- 效率更高。

- 跳槽更少。

- 请病假的次数更少。

- 更能胜任领导者的角色。

- 更有创造力。

- 更有韧性。

- 销售业绩更好。

研究者彼得·托特德尔（Peter Totterdell）甚至发现，快乐的板球运动员平均得分更高！

如果这还不够，收入似乎也与你的快乐程度有关。前伊利诺伊大学（University of Illinois）心理学教授埃德·迪纳（Ed Diener）研究了大学生入学时的快乐程度与其年近 40 时的年收入之间的关系。他发现，大学第一年更快乐的学生，其 19 年后

的收入更高，而且他们毕业后长期失业的可能性也更低。

在澳大利亚的另一项研究中，在某一时刻宣称自己非常快乐的年轻人，在接下来的一段时间内收入更有可能增加。相似的结果也出现在一项来自俄罗斯的研究中，即便将人口统计学变量纳入考量，结果也依然如此。

我们在"以终为始"曾谈到，金钱不一定会带来快乐。现在这些结果告诉我们，快乐与金钱之间确实存在某种关系，只是可能与你期待的相反。因此，要想增加自己的财富、预期寿命或提高自己的事业，建议你将重点放在让自己更快乐上。

基于快乐与成功间的因果关系，接下来要思考的问题便是："我该怎样让自己更快乐？"

如果我天生就不是个快乐的人，是否注定会失败？

虽然科学家相信，一个人快乐与否 50% 由基因决定，但这 50% 也有很大的提升空间。

提升快乐水平的练习有很多，但此处我们只分享给你最简单也最著名的一种：表达感恩。

罗伯特·埃蒙斯（Robert Emmons）博士的研究显示，仅仅是写下让你心存感激的 5 件事，就能在未来的 24 小时内提升幸福感。而且，如果你能坚持 3 周每天如此，就可以在未来的 6 个月中显著提升幸福水平。

这究竟是怎么起作用的？有时，我们感觉被负面情绪包围，尤其是通过各路媒体。例如，我记得听到一则关于牡蛎卡被引入伦敦交通网的新闻。如果你没听说过牡蛎卡，很简单，那是一项很棒的发明。从此你再也不用买纸质票了，而且它（每次出行的起点和终点各刷一下）会帮你算出最便宜的票价。

这对伦敦和数以百万的乘客而言都是个好消息。然而，新闻报道却在关注牡蛎卡的引入导致伦敦几个车站的收费提高。一旦开始关注媒体的报道方式，你就会发现，它们看待事情可以多么消极。一切都笼罩上了阴云。比起报道些值得庆祝的事，它们总是选择吹毛求疵。

在我们收听媒体报道时，它总在潜意识地训练我们的大脑寻找环境中的坏事。而感恩日记，也就是我们写下的感激的事，则恰恰相反，会训练你发现生活中的好事。如果你能坚持写上 3 周，它就会训练你的大脑自动寻找身边的积极信息，而不再需要每天刻意去做。

感恩日记对幸福水平的积极作用有非常坚实的科学基础。因此，不妨先试试看，你可能会为这一小小的行动给生活带来的影响感到惊喜。

• 准备一本精美的笔记本，它将成为你的感恩日记。

• 回想 5 件你很感恩的事物。它们可以是任何东西，无论大小，大到你居住的房子，小到薯条上番茄酱的味道。

• 在感恩日记中记录下来，并标注日期。

• 练习 3 周，如果你愿意，还可以更长。

你也可以在吃饭时或一天快要结束时，与自己的伴侣或孩子做口头练习。这是个好习惯。

198 **实用小贴士**

• 快乐能使我们健康长寿，提高问题解决能力，促进事业成功。

• 积极情绪会让你的表现更好。

• 觉察出引导你消极看待世界的外部势力，远离它们。

• 训练大脑学会感恩平常的小事。

重要知识点

快乐助你成功。

24. 额外的一英里

X: eXtra Mile

多走一英里，身边不再拥挤。

——韦恩·戴尔（Wayne Dyer）

本·亨特-戴维斯（Ben Hunt-Davis）等7位桨手正忙着备战悉尼奥运会。训练中，某个问题一直在他们脑中回荡——"这会让船更快一些吗？"

当他们要在划船机和动感单车间作出选择时……这会让船更快一些吗？

周五晚上，训练结束后想一起去喝点啤酒……这会让船更快一些吗？

2000年9月15日，要不要去参加奥运会开幕式……这会让船更快一些吗？

答案是"不"，那就别做。这就是敬业精神。这就是额外的一英里——而且那晚桨手们所在的小镇一定没有多少人和他们一样忙着训练。

多走一英里帮助亨特-戴维斯不起眼的队伍赢得了奥运金牌。它也能助你赢得"金牌"。我们非常喜欢他们的问题——"这会让船更快一些吗？"这是一种非常实用的问法，可以帮助你作出日常工作中每一个关乎成败的选择。

想一想 ●●

为了实现你的目标，你是否需要问自己"这会让船更快一些吗"？

与许多应届毕业生一样，24 岁的戴维·罗（David Rowe）也在为找工作的事苦恼，他已经收到不下 40 封拒绝信。在考虑所有的求职方向时，他也问了自己一个问题——"这能不能帮我尽快找到工作？"

听说大萧条时期找工作的人都用三明治板为自己打广告，罗受此启发，决定在舰队街佩戴一块三明治板，从而让自己在人群中脱颖而出。板子上写着：

求职。毕业于肯特大学历史学专业。面试我吧。首月可以免薪，之后要么雇用我要么炒了我。感谢阅读。戴维。

尽管他自己也承认这很尴尬，但是他的努力很快便有了回报。当英国还有 100 万 16—24 岁的年轻人深受失业困扰时，他找到了工作。

由此可见，做得好有时还不够。要想取得成功，你必须准备好付出更多的努力（多走一英里）。

试一试 ···●

面向墙壁站立，用铅笔在尽可能高的地方做一个小标记（如果你不想墙上留下铅笔印也可以用手碰一下）。

现在再试一次，标记做得更高一些。你的标记比上次更高了吗？

做这个练习时，大多数人都会在第二次尝试时再加把劲，标记得更高。这就是优秀与卓越的区别。但第一次就能不需要他人的推动，拼尽全力做到最好，不是更好吗？毕竟，你在最初就被要求标记得尽可能高——放手一搏吧！

聪明地工作

"额外的一英里"并不意味着工作会更加辛苦。例如，罗戴着三明治板走在伦敦的大街上时，他可以用同样的时间走访招聘机构。亨特-戴维斯在划船机上花费的时间和在动感单车上花费的时间一样，都是 45 分钟。但这两种锻炼方式，哪一种能让船更快一些呢？

202　　　　主动地思考、分析、想象能让你将不同选择区分开来，更高效地工作。时间和精力都是宝贵的资源，如果你想取得成功，尤其是面对激烈的竞争时，你必须在被他人抢占先机前明智地投入这些资源。

如果你的竞争对手习惯不加选择地浪费时间和精力，如之前例子中的动感单车或招聘机构，你的优势就更大了。你需要知道什么使自己更具竞争力。为了弄清这一点，你需要先了解自身行为的基础，避免陷入习惯性行为的陷阱，阻碍自身发展。

试一试 ···●

拿出纸和笔，在纸上写下你的名字。

感觉如何？

接着，用另一只手拿笔，再试着写下自己的名字。

现在的感觉又如何？

你可能意识到反手写名字的感觉是多么奇怪。这是因为我们习惯用固定的方式做事。偏离习惯会让人感到很别扭。

习惯性行为的生物基础

学习新知识需要我们大脑前部的一片区域——前额叶参与其中。这是大脑的一个高耗能区域，其处理信息的能力也十分有限。然而，如果某件事已形成固定模式，靠近大脑中部的区域——基底神经节便会接管工作。基底神经节能够自主运行，将前额叶解放出来处理其他事情，更有效率地工作。这就是习惯性行为的形成过程。

下面是一个例子。还记得你第一次手握方向盘，学习开车时的情形吗？需要考虑的事情可太多了，仅仅是弄清楚哪个踏板是做什么的就需要不少脑力。即使你最终拿到驾照，你还是得在开车经过路况棘手的路口时，让后座兴奋的朋友们安静一下，以便集中注意。几年之后，你可能会有这样的可怕经历：沿着一条很熟悉的路线开车回家，突然意识到自己完全回忆不起过去 10 分钟做了什么。然而，你还是安全地驶过了所有的路口。你在"自动驾驶"。

作为人类，我们有养成习惯的倾向，而且我们一旦开始按照习惯自动运行，就会倾向于保持这种行为模式。毕竟，改变习惯会让我们动用有限的工作记忆，因而我们的大脑会让我们更倾向于按照习惯自动运行。

想一想 ·····································●

假设你一整天都得反手写字，这天结束时你会有什么感觉？

现在，想象你的手摔断了，半年的时间都要反手写字。这段时间结束后你又会有什么感觉？

大多数人会回答，一天结束时他们会觉得疲惫和沮丧，但半年结束后，他们可能已经习惯。

打破习惯确实会使你的大脑付出艰辛的努力，但只要坚持不懈、专心致志就能做到。

有意识地改变习惯

成功的人做好了多走一英里的准备，准备好为改变习惯付出努力。关键在于及时从惯性中清醒，反思有没有更好的方式来完成当前的任务。

这就是为什么反复问"这会让船更快一些吗？"如此重要。

询问这类问题会使我们养成灵活寻找不同做事方式的习惯，而这本身就是一种非常有效的行为习惯。

额外一英里的影响

多年以来，在美国那些夏季异常炎热的州，如南达科他州（South Dakota），药店店主都会提供免费冰水。现在看来这并不是什么新鲜事（你可以把它称作一种习惯）。但是在19世纪30年代，特德（Ted）和多萝西（Dorothy）作出了这一好比反手写字的决定。

特德和多萝西在南达科他州的一处偏远之地开了一家"沃尔药店"，生意一直很惨淡。这里的环境非常恶劣，炽热的阳光炙烤大地，大风卷起漫天黄沙让人睁不开眼睛，大多数人都径直路过他们的药店，只想尽快奔向目的地。

有一天，他们想到了一个主意，为路过的旅客提供免费冰水，邀请他们来店里乘凉。他们在高速路边竖起了广告牌，写着：

汽水……啤酒……下个路口转弯……靠近……14号公路……免费冰水……沃尔药店

广告堪称神来之笔，旅客纷纷在这处"冰水商店"停留。商店以其热情好客和淳朴的民风声名鹊起，第二年，赫斯特德（Hustead）夫妇不得不多雇了 5 名店员以满足需求。沃尔药店的招牌也越挂越远。现在，你在埃及、印度、甚至南极，都能看到这家药店的广告牌。

时至今日，沃尔药店已经发展为占地约 7 000 平方米的旅游景点，每天都有成千上万的游客前来参观。故事的神奇之处就在于，他们打破了惯性行为，而效果非常显著。

想一想

回想自己确立的目标，反思是否存在某些习惯性行为阻碍你发挥潜能。

怎样才能培养更好的习惯？

实用小贴士

- 改掉阻碍你前进的坏习惯。

- 分析每项活动对成功的贡献，据此培养新习惯。

- 你的时间和精力十分宝贵，请聪明灵活地运用时间，不要因为"一直以来都是这样做的"就认为这是最好的办法。

重要知识点

与其固守现有习惯，不如培养有益的新习惯以助力目标的实现。

25. 乐观

Y: Yes!

相比消极思维，积极思维更能让你做好每一件事。

——齐格·齐格勒

从前有一家鞋业公司派了一位销售到某个发展中国家调查当地的市场。没过几天，那位销售便发消息给老板说："这儿根本没人穿鞋，我恐怕要回家了。"

公司决定再派另一名销售过去。这次的销售是个乐观主义者。刚到目的地几个小时，他便向老板汇报说："这里没人穿鞋，市场很大，赶快多派些人过来，能来多少来多少。"

两位销售对他们的见闻有不同的看法。他们在同一个地方，看到了同样的情况，却对接下来会发生的事有不同的预测。正如生活中的很多事情，重要的并不总是发生了什么，也不总是我们看到了什么，而是我们看待事物的角度。

乐观主义意味着对未来抱有希望和信心，相信努力会换来成

功。乐观就是说："没问题，能做到。"而不是简单的一句："不208行，做不到。"

为什么乐观对成功很重要？

对乐观主义的研究显示，积极乐观的心态着实有不少益处。数以百计的研究表明，乐观主义者在学校、大学、运动场和职场中都表现得更好。例如，马丁·塞利格曼测量了某保险公司销售人员的乐观程度，发现最乐观的人（前 10%）比最悲观的人（后 10%）的销售额高出 88%。

如果将赢得政治选举作为衡量成功的标准，乐观则似乎是一个重要影响因素。在 20 世纪的美国，被认为更乐观的候选人赢得了 85% 的总统选举。

乐观的人通常也更加健康，对疾病有更强的抵抗力，甚至可以避免癌症的发生。研究还显示，乐观的人通常更长寿。而且，比这些都重要的是，乐观的人有更高的婚姻满意度和更好的家庭关系。

因此，第一个主题中的"繁盛"模型的许多部分都受到乐观心态的影响。如果你想在生活中收获更多成功，乐观的心态将是非常好的催化剂。

回想你认识的一位悲观主义者，他：

• 相信坏事会持续很长时间。

• 担心坏事会产生连锁反应，危及生活的各个部分。

• 认为事情之所以会出现问题全是因为自己。

再想想你身边的一位乐观主义者，他：

• 认为不幸只是暂时的。

• 不让一件坏事影响到生活的其他部分。

• 事情出错时不急于责备自己。

乐观主义者与悲观主义者的区别

马丁·塞利格曼曾花费 25 年的时间研究乐观主义者与悲观主义者之间的差异，他的研究揭示了区分两者的三个关键因素。

1. 认为坏事的起因是**持久的**或**暂时的**。

• 例如，如果你未能得到某个职位，你认为这是因为你不擅长面试（持久—悲观）还是因为你当天的表现不够好（暂时—乐观）？

2. 将负性事件解释为**普遍的**或**特殊的**。

210   • 例如，如果你刚刚结束一段恋情，你认为这是因为你不擅长维持人际关系（普遍—悲观）还是因为你没遇到合适的人（特殊—乐观）？

3. 将事情内归因或外归因。

• 例如，如果你被裁员，你认为这是因为你工作不够出色（内归因—悲观）还是因为经济大环境不好（外归因—乐观）？

想一想 ···●

假设这三件坏事发生在你身上——你没得到新工作，与恋人分手，或者遭遇公司裁员。你会乐观还是悲观地解释这些事情？

你在悲观—乐观轴上处于什么位置？

值得注意的是，人并不只会在遇到负性事件时才显出乐观或 211 悲观。乐观主义者会把好事归为：

• 持久的（我总是一帆风顺）而不是暂时的（我只是一时运气好）。

• 普遍的（我工作出色）而不是特殊的（我只是这件事做得好）。

• 内归因（好结果是源于我自己的努力）而不是外归因（环境造就了我）。

一个棉花糖还是两个？

在 19 世纪 70 年代一项被戏称为"斯坦福棉花糖实验"（Stanford Marshmallow Experiment）的有趣研究中，沃尔特·米舍尔（Walter Mischel）要求一群 4 岁的孩子独自坐在屋子里等待，他们面前的桌子上放着一块诱人的棉花糖。孩子们被告知，如果他们能等到大人回来后再吃，就可以多吃一个。

孩子的行为出现了两种不同的结果。第一类孩子等不及大人回来就吃掉了棉花糖。第二类孩子则苦苦挣扎了 20 分钟，直到大人回来——他们坚持了下来。第二类孩子能够"延迟满足"（delay gratification），即放弃短期的享受，追求长期的更大幸福。

这项研究引人入胜的地方在于，研究者在孩子们长大后对他们进行了回访。令研究者吃惊的是，那些在 4 岁时能够控制住自己不吃棉花糖的孩子，18 岁时在学术评估测试（Scholastic Aptitude Test，SAT）中的成绩明显更好。棉花糖测试对 SAT 分数的预测效果是智商测试的两倍！

延迟满足与乐观主义和成功有什么关系？

你或许有这样的经历：尝试实行一项锻炼计划，但仅仅坚持

212

几周就因没看到任何成效而放弃。你开始对减肥失去希望与信心。慢慢地，窝在沙发中喝红酒看电视的诱惑战胜了在阴冷天气外出跑步的决心。

我们在很长一段时间里饱受这一问题的困扰。不过，幸运的是，情况最近开始好转。我们很高兴，因为终于发现了一种令人愉快的有效饮食与锻炼方式。仅仅 4 个月，我们便瘦了约 9 千克。

其中一个重要变化在于，我们现在相信自己能瘦下来，而在之前的很长一段时间里，这对我们来说似乎是遥不可及的。现在我们知道，比起待在家里大快朵颐，享受美味的比萨，外出夜跑更加值得。

心理学家从更科学的角度解释了这一点，他们认为乐观主义与成功相关，因为你相信为了实现长期目标，放弃眼前的享受是值得的。换句话说，乐观能带来延迟满足，从而促进目标的实现。

我该如何变得更乐观？

我们已经分析了乐观主义者与悲观主义者的区别，并且简要说明了乐观的益处。那么，紧随而来的重要问题便是："我该如何变得更乐观？"

还记得"克服恐惧"中学到的 ABC 模型吗？这个模型现在还可以帮助你变得更加乐观，因为模型的框架能帮助你挑战消极悲观的信念。

例如：

步骤一 启动事件是什么？我被裁员了。

步骤二 后果是什么？我现在很不自信，担心自己找不到新工作。

步骤三 后果背后的信念是什么？我的工作表现不好。

步骤四 是否有其他解读当前情境的方式？其他人也被裁员了，而且他们很优秀，因此我被裁员不一定是因为我不够好。

步骤五 能为你赋能的另一种信念是什么？不是我的工作能力有问题，而是经济大环境不好。我有能力找到新工作。

试一试 ....●

想一想你非常信任的对你有帮助的人。不妨回到主题"罗森塔尔效应"查看自己的人际清单，重新回忆一下生活中对你有帮助的人，以及你打算与之分享自己的目标的人。

邀请这位朋友打开选择性注意的开关（如果忘记了可以查看主题"机遇"），寻找你乐观或悲观的时候，并请他帮你指出。

如果他发现你有些时候很悲观，就让他用本主题以及"克服恐惧"中介绍的 ABC 模型给你一个乐观视角。

上一主题介绍了"额外的一英里"的重要性，其中便包括打破习惯性行为。习惯性行为同样包括你的思维方式——你习惯乐观还是悲观地解读事物？鉴于我们生活中的很多领域都受到乐观程度的影响，努力训练自己乐观地思考问题是件很值得做的事。

实用小贴士

• 我们对事物的看法既可能乐观也可能悲观，一般而言，乐观地看待事物时，我们更容易实现目标。

• 拥有更乐观的视角有很多益处，对我们的健康、事业和个人效率等都有积极作用。

• 可以通过质疑消极思维和尝试更积极主动的思考方式来学习乐观。试着让乐观成为一种习惯。

重要知识点

乐观是帮助你实现目标的强大推力。让自己更乐观是为取得成功最值得做的事情之一。

26. 热忱

Z: Zeal

> 追求某项事业或目标的强大热情。
>
> ——《牛津词典》对"热忱"（zeal）的定义

2008 年 3 月，一位男士同他的未婚妻有幸生平第一次前往澳洲旅行。他们坐在举世闻名的邦迪海滩（Bondi Beach）上，享受着惬意的时光，同时在讨论被他们戏称为"邦迪效应"（Bondi effect）的一种现象。

他们将邦迪效应描述为：花一些时间，从日常生活中抽身，纵览全局，发现人生的真正追求。正如第一个主题中的一项研究指出的，这恰恰是那些智慧的长者对我们的教诲。对这对夫妇而言，比起疲于奔命的忙碌日常，在远离喧嚣的邦迪海滩上跳出生活要容易得多。

他们迫不及待地去海边的小店买了纸和笔，开始憧憬一生中的终极成功。如若不受任何限制，他们的理想生活会是什么样

子？除了梦想有一天在两人共同热爱的领域合作，他们还定下了
合写一本书的目标，而且得是两人都很热衷的主题。

于是，在返程的路上，在飞机上无所事事的几个小时里，他们坐在一起，激动地写着那本书的原始大纲。一颗种子自此种下。

刚一到家，借着开启的选择性注意，他们很快便发现当地的一家书店有一场关于"如何出版书籍"的讲座。于是两人立马赶了过去，热切地想要听听主讲人会说些什么。

接下来发生的事却让人大失所望，开始的整整 30 分钟，主讲人都在告诉听众，出版图书几乎是不可能的，以至于大家都不明白自己何苦来这一趟。尽管讲座的后半部分给出了许多实用的建议，这对夫妻离开书店时仍十分沮丧。

尽管他们的梦想只有一线希望，他们也并未放弃。然而，他们必须在理想与现实间取得平衡，因为还有很多账单要付。他们开始在空闲时写作。不论如何，这都是一件享受的事，因为这是他们热衷的话题。

下一步是围绕这一领域发展相关的兴趣。因此，除了在教学中积累经验，他们还学习了如何搭建网站。再到后来，他们还就
这一主题参加了全国性比赛，并通过开设工作坊，对具体细节进

行了试验。

努力换来了回报，他们最终完成了书的全部内容，开始按照几个月前书店讲座的建议，寻找可能接受他们提案的出版社，调查该写哪些内容，如何提交。

从邦迪海滩回来不到一年半的时间，这对夫妇中的妻子，感觉自己已经准备好迈出冒险的一步——辞去稳定安逸的全职工作。这对夫妇认为，这是为实现梦想腾出充足时间的必要举措。自由职业绝非易事，前进的路上布满荆棘。但他们还是坚持了下来。由于放弃了稳定的收入，他们生活的重心再一次回到了赚钱养家上。虽然书已经完成，但当务之急是生存。

第一次，他们准备向出版商投稿。不过，在他们未曾察觉之时，成功的种子早已种下。

最精彩的部分来了。2010 年末的一天，他们的邮箱突然收到一封来自出版顾问凯蒂（Katie）的邮件，询问他们是否有意写一本书。这本书将作为新书纳入一个销售已逾百万的书系。

他们不清楚凯蒂是怎么找到他们的，他们互相掐了一下，不敢相信这是真的。实际上，凯蒂一直在追踪他们过去的成就，包括之前搭建的网站，以及比赛的视频。于是，他们不仅获得了一个千载难逢的机会，可以就自己热衷的主题出版一本书，而且约稿的要求恰巧是他们已经完成的内容。

第一版的发售量使得该书得以更新再版，现已被翻译成多种语言在世界各地出版。

现在，那本书就在你的手里。

只要你敢想，就没有做不到的事。

别忘记，现在的这一切都始于一个梦想和一只小老鼠。

——沃尔特·迪士尼

27. 结论

希望本书的各个主题能够启发你使用我们的成功字母表：

A 从你的生活中退后一步，想一想你要什么，并采取行动来实现它。为什么要等着被唤醒呢？现在就抓住时机！

B 以终为始，有意识地朝着自己憧憬的方向努力，而不是在生活中随波逐流，直到让自己陷入困境。

C 通过努力享受当下和未来，在生活中找到持久的满足感。始终以享受旅程和目的地为目标。

D 敢于梦想。让自己相信，你可以做到你认为自己做不到的事。

E 为实现梦想付出必要的努力是值得的，尤其是当你能享受这种努力时。

F 克服阻碍你前进的恐惧。

G 设定具体而有挑战性的目标，因为它们有助于你取得更大的成就。

H 不要害怕目标过高。即使你没有完全实现目标，你也会比只追求一般水平的人取得更大的成就。

I 将看似不可能实现的目标分解为可实现的中间步骤，可以帮助你在心理上和实践中取得进步。

J 大胆尝试。不要担心失败，要担心不尝试则错失良机。

K 坚持下去。如果一开始不顺利，请记住，努力是值得的。昂首再试。

L 学习。通过采取行动，你有机会找出哪些方法有效，哪些方法无效。采取行动并不是失败——即使你没有达到预期目标，你也成功地获得了更多信息。

M 模仿可以让你复制他人的制胜策略和信念，从而减少学习成功之道所需的时间和精力。

N 在努力实现目标的过程中，量化是很有用的东西。在评估目标进展的同时，也要评估和监测自己付出的努力，以及这些努力对实现目标的影响。

O 能帮助你实现目标的机会环绕在你周围。将你的目标保持在大脑的前额叶，有助于大脑的选择性注意发现这些机会。 223

P 在实现目标之前，你需要做大量的实际、后勤和心理的准备工作。这些准备对于取得长期成功至关重要，你终会看到自己的辛勤付出获得回报。

Q 为保持动力，给自己设定一些可以定期实现的小目标和速赢目标。这将确保你定期获得大脑中强大的化学物质——多巴胺，从而保持动力。

R 罗森塔尔效应表明，别人给我们贴上的标签具有很大影响。与支持你的人交往，将有助于你取得成功。

S 即使有人说你做不了某件事，也请记住，只要自信，你就能证明他们是错的。别人说你不行并不意味着他们是对的。

T 有很多人可以帮助你取得成功。谁会是你的制胜团队中有用的一员？

224 U 努力奋斗时，你可能会发现自己面临压力。请辨别压力是你的朋友还是敌人，并学会如何在压力过大时应对它。

V 想象成功。想象你通往成功的路线，这会产生强大的效果。

W 记住，快乐是成功的一个非常强大的制胜要素。专注于快乐也会帮助你取得成功。

X 为了实现目标，你需要做些什么才能走得更远呢？你是否总是问自己："这会让船更快吗？"

Y 努力拥有"是的，我能做到"的心态，而不是"不，我做不到"的心态，这样你就更有可能取得成功。

Z 热情地生活。对自己的目标充满动力与热情，你的努力就会得到回报！

　　祝你成功！

　　我发现，越努力，越幸运。

——托马斯·杰弗逊（Thomas Jefferson）

致　谢

感谢杰奎琳·哈特（Jacqueline Hardt）阅读、审校和欣赏我们的初稿，感谢同意我们引用其作品的作者。

献　词

献给我们珍爱的家人和朋友，是他们帮助我们享受旅程，到达目的地。

索 引 *

---

*　索引后的数字为英文原版书页码，现为中文版页边码。

图书在版编目（CIP）数据

26步，做一件有结果的事：成功心理学实用指南 /（英）艾莉森·普赖斯著；鄂川根译. — 上海：上海教育出版社，2025.7.—（实用心理指南）. — ISBN 978-7-5720-3296-7

Ⅰ. B848.9-49

中国国家版本馆CIP数据核字第2025AZ2762号

责任编辑　王佳悦
封面设计　周　吉

实用心理指南
26步，做一件有结果的事：成功心理学实用指南
[英] 艾莉森·普赖斯　戴维·普赖斯　著
鄂川根　译

出版发行　上海教育出版社有限公司
官　　网　www.seph.com.cn
地　　址　上海市闵行区号景路159弄C座
邮　　编　201101
印　　刷　上海展强印刷有限公司
开　　本　787×1092　1/32　印张 7.125
字　　数　123 千字
版　　次　2025年7月第1版
印　　次　2025年7月第1次印刷
书　　号　ISBN 978-7-5720-3296-7/B·0085
定　　价　59.00 元

如发现质量问题，读者可向本社调换　电话：021-64373213